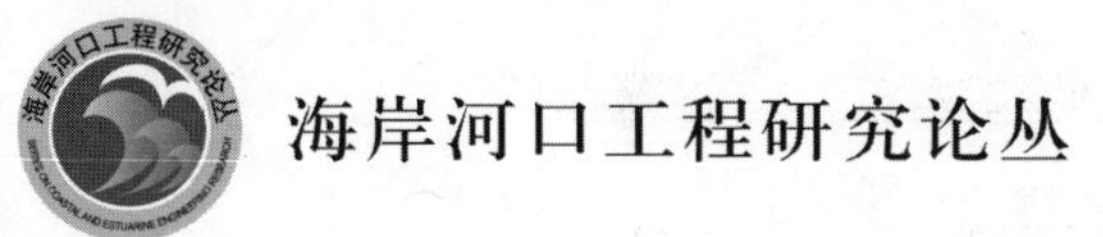

海岸河口工程研究论丛

粉沙质海岸泥沙运动及航道淤积机理

严　冰　著

SEDIMENT TRANSPORT AND CHANNEL SILTATION ON SILTY COAST

内容提要

本书是《海岸河口工程研究论丛》之一。主要对粉沙质海岸泥沙悬浮机理进行了深入分析，重点探讨了近底高浓度泥沙现象的物理特征，构建了悬沙垂线分布的理论模型，并通过三维数学模型手段，揭示出粉沙质海岸航道淤积机理。本书还改进了挟沙力模型，考虑了波浪破碎因素，通过概化的理想海岸，阐明了不同动力因素在粉沙质海岸泥沙运动中的作用。

本书可供海岸河口工程研究人员使用，也可供相关院校师生学习参考。

图书在版编目(CIP)数据

粉沙质海岸泥沙运动及航道淤积机理 / 严冰著. —北京：人民交通出版社，2013.11

ISBN 978-7-114-10834-1

Ⅰ. ①粉… Ⅱ. ①严… Ⅲ. ①沙质海岸 - 泥沙运动 - 研究②沙质海岸 - 航道 - 淤积 - 研究 Ⅳ. ①TV148

中国版本图书馆 CIP 数据核字(2013)第 187816 号

海岸河口工程研究论丛

书　　名：粉沙质海岸泥沙运动及航道淤积机理

著 作 者：严　冰

责任编辑：韩亚楠　崔　建

出版发行：人民交通出版社

地　　址：(100011)北京市朝阳区安定门外外馆斜街 3 号

网　　址：http://www.ccpress.com.cn

销售电话：(010)59757973

总 经 销：人民交通出版社发行部

经　　销：各地新华书店

印　　刷：北京市密东印刷有限公司

开　　本：720 × 960　1/16

印　　张：9

字　　数：164 千

版　　次：2013 年 11 月　第 1 版

印　　次：2013 年 11 月　第 1 次印刷

书　　号：ISBN 978-7-114-10834-1

定　　价：35.00 元

序

海岸、河口是陆海相互作用的集中地带，自然资源丰富，是经济发达、人口集居之地。以我国为例，我国大陆海岸线北起辽宁省的鸭绿江口，南至广西壮族自治区的北仑河口，全长18000km；我国海岸带有大大小小的入海河流1500余条，入海河流径流量占全国河川径流总量的69.8%，其中流域面积广、径流大的河流主要有长江、黄河、珠江、钱塘江、瓯江等。海岸河口地区居住着全国40%左右的人口，创造了全国60%左右的国民经济产值，长三角、珠三角、环渤海等海岸河口地区是我国经济最为发达的地区，是我国的经济引擎。

人类在海岸河口地区从事经济开发的生产活动涉及很多的海岸河口工程，如建设港口、开挖航道、修建防波堤、围海造陆、保护滩涂、治理河口、建设人工岛、修建跨(河)海大桥、建造滨海火电厂和核电厂等等，为了使其经济、合理、可行，必须要对环境水动力泥沙条件有一详细的了解、研究和论证。人类与海岸河口工程打交道是永恒的主题和使命。

交通运输部天津水运工程科学研究院海岸河口工程研究中心的前身是天津港回淤研究站，是专门从事海岸河口工程水动力泥沙研究的专业研究机构，致力于为港口航道(水运工程)建设和其他海岸河口工程等提供优质的技术咨询服务。多年来，海岸河口工程研究中心科研人员的足迹遍布我国大江南北及亚洲的印度尼西亚、马来西亚、菲律宾、缅甸、越南、柬埔寨、伊朗和非洲的几内亚等国家，研究范围基本覆盖了我国海岸线上大中型港口及各种海岸河口工程及亚洲、非洲一些国家的海岸河口工程，承担了许多国家重大科技攻关项目和863项目，多项成果达到国际先进水平和国际领先水平并获国家及省部级科技进步奖。海岸河口工程研究中心对淤泥质海岸泥沙运动规律、粉沙质海岸泥沙运动规律和沙质海岸泥沙运动规律有深刻的认识，尤其在淤泥质海岸适航水深应用技术、水动力泥沙模拟技术、悬沙及浅滩出露面积卫星遥感分析技术等方面，无论在理论上还是在实践经验上均有很高的水平和独到的见解。中心的一代代专家们专注于为大型的复杂的项目上提供精确的技术论证和指导，使经优化论证的工程方案得以实施，如珠江口伶仃洋航道选线研究、上海洋山港选址及方案论证研究、河北黄骅港的治理研究、江苏如东辐射沙洲西太阳沙人工岛可行性及建设方案论证、瓯江口温州浅滩围涂工程可行性研究、港珠澳大桥对珠江口港口航道影响研究论证、天津港各阶段建设回淤研究、田湾核电站取排水工程研究等等，事实证明这些工程是成功的。在积累的成熟技术基础上，主编了《淤泥质海港适航水深应用技术规范》《海岸与河口潮流泥沙模拟技术规程》《海港水文规范》泥沙章节、参编《海港总体设计规范》和《核电厂海工构筑物设计规范》等。

本论丛是交通运输部天津水运工程科学研究所海岸河口工程研究中心老一辈少一辈专家学者多年来的水动力泥沙理论研究成果、实用技术和实践经验的总结，内容丰富、水平先进、科学性强、技术实用、经验珍贵，涵盖了水动力泥沙理论研究，物理数学模型试验模拟技术研究，水沙研究新技术、水运工程建设、河口治理、人工岛开发建设实例介绍等海岸河口工程研究的方方面面，对从事本行业的技术人员学习和拓展思路具有很好的参考价值，是海岸河口工程研究领域的宝贵财富。

本人在交通运输部天津水运工程科学研究院工作 20 年(1990 ~ 2009 年)，曾经是海岸河口工程研究中心的一员，我深得老一代专家的指导，同辈人的鼓励和青年人的支持，我深得严谨治学、求真务实氛围的熏陶，留恋之情与日俱增。今天，非常乐见同事们把他们丰富的研究成果、实践经验、成功的工程范例著书发表,分享给广大读者。相信本论丛的出版将会进一步丰富海岸河口水动力泥沙学科内容,对提高水动力泥沙研究水平,促使海岸河口工程研究再上新台阶有推动作用。希望海岸河口工程研究中心的专家们有更多的成果出版发行,使本论丛的内容越来越丰富,也使广大读者能大受裨益。

交通运输部科技司司长 [signature]

2012 年 11 月

前　　言

近年来，随着粉沙质海岸港口建设的发展，粉沙质海岸泥沙问题，特别是航道淤积问题越来越突出。为此，本书主要针对粉沙质海岸泥沙特点，对泥沙悬浮机理进行研究，着重剖析近底高浓度悬沙现象，基于有限掺混长度理论建立了波流共同作用下悬沙分布模型，利用该模型改进了三维泥沙数学模型，并对粉沙质海岸航道淤积现象进行了模拟研究。此外，本书还对概化粉沙质海岸悬沙横向分布和航道淤积规律进行了分析。本书的主要研究内容和结论如下：

1. 基于有限掺混长度理论对水流作用下的悬沙浓度分布进行了研究。模型建立过程中，分析了紊动漩涡与掺混长度之间的关系、浓度和粒径对掺混长度的影响，推导出同时满足紊流相似假说和掺混长度理论的泥沙掺混长度分布公式。

2. 对波浪作用下泥沙悬浮机理进行了分析，建立了全水深悬沙垂线分布模型。依据 Lamb 等高浓度含沙水体实验结果，着重对波浪作用下高浓度水体的紊动强度分布、掺混长度进行了分析。在以上工作基础上，采用紊动制约函数直接修正扩散系数的方法，建立了在波流共同作用下考虑高浓度现象的悬沙浓度垂线分布模型，与多家实验结果的比较表明了该模型的合理性。

3. 利用本书建立的波流共同作用下考虑高浓度现象的悬沙浓度垂线分布模型，对 Wai 和 Jiang 开发的三维泥沙输运数学模型进行了改进，并通过实验数据验证了该模型在航道淤积模拟研究中的能力。

4. 以概化粉沙质海岸大风过程航道淤积为例，针对悬移质特别是高浓度含沙水体在航道淤积中的作用进行了模拟和分析。结果表明,强浪是形成底部高浓度含沙水体的根本原因,8级向岸大风作用下,浅滩上含沙量大于20kg/m^{3}的水体厚度可达0.8~1.25m。泥沙运动轨迹模拟结果表明,航道淤积主要是底部高浓度水体在航道内不平衡输沙所造成,上部泥沙几乎不起作用。另外,推移质输沙也不是主要因素。

5. 根据破波带内外波能演化规律,对波浪挟沙能力公式进行改进,考虑了波浪破碎产生的紊动对挟沙能力增大的影响,所建立的公式反映了长周期波挟沙能力大的特性,并通过收集的资料确定了公式中的系数。

6. 利用书中建立的挟沙能力模型对概化粉沙质海岸上波浪因素对泥沙运动的影响进行分析。研究表明,对于岸滩平缓的粉沙质海岸,除了紧靠岸边的区域外,波浪底部剪切力是泥沙悬浮的主要因素,而波浪破碎的作用较为有限。

7. 在高浓度水体悬沙分布模型的基础上建立了粉沙质海岸航道淤积简化计算公式,便于快速估计粉沙质海岸航道淤积强度。

本书在编写过程中,天津大学的张庆河教授、加州理工学院的Michael P. Lamb博士给予了大量帮助,在此表示诚挚的谢意。

由于作者水平有限,加之泥沙问题的复杂性,认识的循序渐进性,本书中内容不免有错误和不足之处,恳请读者批评指正,不吝赐教。

目录 Contents

第1章　绪　　论

1.1　研究目的与意义

海岸泥沙运动是海岸地区最为常见的现象,对人类活动有着重要影响。海岸地形地貌的变化、港口航道与港池的淤积以及建筑物周围的冲淤变化等都与海岸泥沙运动有很大关系,海岸泥沙运动在海岸动力过程研究中占有重要地位。

由不同颗粒物质组成的海岸,其泥沙运动规律也有所不同。一般情况下,淤泥质海岸以黏性细颗粒泥沙为主,岸线平直、岸滩平缓,泥沙运动以悬移运动形式为主。沙质海岸滩面以松散的沙质泥沙为主,岸滩坡度较陡。在相当多的海洋环境条件下,波浪和潮流作用一般只会引起海岸泥沙的少量推移运动,不会使泥沙发生大量输移,但是风暴来临时,大波浪作用使大量泥沙进入悬浮状态,此时悬移质和推移质的比例也会随着波流强度的增大而增大,泥沙输运总量绝大部分由悬移质来确定[1,2]。粉沙质海岸情况复杂,其性质介于淤泥质和沙质海岸之间。通常,将泥沙中值粒径在0.03～0.12mm范围附近的颗粒构成的海岸定义为粉沙质海岸[3]。粉沙质海岸泥沙具有起动流速小、沉降速度大、密实较快,在海水中不发生絮凝的特点。粉沙质海岸泥沙运动活跃,其形式大多数情况下也以悬移为主,而且底部易形成高浓度含沙水体[4,5]。

近年来,随着我国经济建设的发展,港口建设已经从原来的选择优良港址建设,转变成按照经济发展需要建设,在粉沙质海岸上建设的港口也越来越多。粉沙质海岸所建或拟建港口面临的一个重要问题就是航道淤积,为了解决航道淤积问题,必须对粉沙质海岸的泥沙运动机理有深入的了解。近年来,虽然众多研究工作结合我国黄骅港、京唐港等港口的建设,从现场观测、物理模型实验、理论分析、数值模拟等方面对粉沙质海岸泥沙运动规律进行了研究,取得了丰富的成果,甚至已经在粉沙质海岸较为成功地实施了航道淤积防治措施(如黄骅港防沙堤已于2005年建成并发挥了航道减淤效益[6,7]),但对于粉沙质海岸泥沙运动机理,特别是对于粉沙质海岸底部高浓度层的形成、不同动力对于粉沙质海岸泥沙运动的作用以及航道淤积机理等仍缺乏足够深入的认识。

粉沙质海岸的强烈泥沙输送往往是在波流共同作用下造成的,波浪起着重要作用。因此,本书在对波流共同作用下悬移质泥沙运动机理做进一步研究的基础上,力图将其用于解释粉沙质海岸航道淤积现象,这对掌握海岸变化规律,提高海岸泥沙冲淤预测精度,改善港口运营环境有着重要的理论和实际意义。

1.2 悬移质含沙量垂线分布的研究综述

本书重点将从悬沙分布变化的角度研究粉沙质海岸泥沙运动机理及航道淤积过程,因此,这里的文献综述也将重点围绕非黏性泥沙的悬移质垂线分布展开。

1.2.1 相关理论

关于悬移质浓度分布的研究非常多。在众多的理论和模型中,应用较广泛的有扩散理论、混合理论、能量理论、相似理论、随机理论以及两相流理论等[8,9]。

(1)扩散理论

扩散理论认为泥沙之所以能够悬浮是由于水流紊动扩散和泥沙重力共同作用的结果。扩散方程实质上是悬移质泥沙在水流中处于平衡状态时所应满足的连续方程。扩散理论是目前应用最为广泛的理论。漩涡运动和泥沙扩散是水流挟沙过程的两个方面,前者为后者提供动力条件,两者必然存在联系,也存在差异。因此,扩散理论通常用施密特数 S_c(Schmidt number, $S_c = v_T/\varepsilon$)或修正系数 β($\beta = 1/S_c$)修正紊动涡粘系数 v_T 的方法得到扩散系数 ε。然而,从已知的悬移质浓度垂线分布数据,利用传统的扩散方程反推扩散系数或 β,结果常常相互矛盾或没有规律性[10,11]。除去实验本身误差外,泥沙扩散悬浮机理本身的不完善是造成相互矛盾结果的根本原因。刘大有基于一般两相流的双流体模型分析了传统扩散方程的不足,认为扩散理论的缺陷,主要是因为引入菲克定律引起的,其次是扩散模型本身的近似[12,13]。傅旭东和王光谦以两相流模型为基础,定量分析了传统泥沙扩散方程的内在误差[14]。因此,利用扩散理论描述泥沙运动,不能仅仅局限于对扩散系数的简单修正,必须从泥沙运动机理本身入手对扩散理论进行改进才能弥补其缺陷。最近,Nielsen 和 Teakle[15] 在该方面进行了研究,提出的有限掺混长度理论为悬移质含沙量分布研究提供了新的思路和方法。

(2)混合理论

混合理论假设将流体和分散的悬浮固体颗粒分别看作连续介质,分别用于连续方程。混合理论试图通过动力学机理给出更为普遍的理论,能够把扩散理论作为一种特殊情况包含进去,但是往往只能列出其表达式,还要通过简化、假设求解,最后又回到了扩散方程的形式。所以从使用的角度来看，直接应用扩散理论更为方便。混合理论的简化结果与扩散方程比较没什么差别，由此可见，混合理论实质上是扩散方程的动力学解释。这有助于深入地理解泥沙悬浮机理。McTigue[16]曾采用 Drew 的方法，得到了一个分层模式的混合理论模型。

(3)能量理论

能量理论要求对流体和悬浮泥沙的平均流能和涡能作出精确的表示，而这正是固液两相流研究中最困难的。其中，前苏联的维利卡诺夫的重力理论较有影响[10]。从含沙水流中用于支持颗粒悬浮的能量不是直接来自有效势能，而是从紊动能中获得的观点出发，蔡树棠根据周培源提出的涡量相似理论假设流体和颗粒紊动具有某种相似性，得到了与 Rouse 公式相似的泥沙垂线分布公式[17,18]。然而，目前关于挟沙水流的各部分能量分配机理方面的认识还很有限，而且公式结构复杂，在实际应用上受到很大限制。

(4)相似理论

相似理论的基本思想是，在假设紊流脉动速度和含沙浓度涨落速度相似的条件下建立悬沙分布公式。由于该理论中很多参数无法从理论本身求出，所以也不便于应用[8]。

(5)随机理论

随机理论的建立基于紊动流体和泥沙运动都具有随机特性的认识。虽然各家的处理方法有别，但基本出发点大致相同，即认为，可把水流中的悬沙运动看作是在水面和床面的这两个“反射壁”之间做“随机徘徊”(或随机游动)，泥沙颗粒在沿水深的垂线上任意高程处的向上、向下和停留的概率是可以确定的。应用随机理论的困难在于确定泥沙颗粒从一个高度跳到另外一个高度的空间和时间步长。Matalas[19]和 Bayazit[20]都曾对随机理论进行过论述。迄今，随机理论的应用仍仅限于均匀紊流。虽然随机理论未像扩散理论那么成熟，但扩散方程实际上是随机徘徊模型中 $\Delta t \rightarrow 0$ 的极限时所得到的极限分布式。

(6)两相流理论

两相流理论强调流体和泥沙颗粒间的相互作用。固液两相分别用一系列守恒方程进行描述，并以耦合项联系两相。方程的闭合依靠关于各相的本构关系模型、热力学状态方程或紊流附加方程和各相的描述。国内很多学者，如倪晋仁[21]、傅旭东和王光谦[14]、刘大有[12,13]、李勇和余锡平[22]等都用两相流理论对泥沙运动进行了研究。然而，由于数学运算上的困难，很难获得方程的显式解。而且，在目前的测量水平下各相间的差别和相互作用很难精确测量。

上述理论从不同角度对紊流中泥沙悬浮进行了解释。每种理论都有利有弊。

尽管各种理论的出发点各异，但是最后都能得到或接近按扩散方程得出的结构形式，且可以相互补充和转化。它们最主要的差别是扩散系数有所不同。考虑到扩散理论已经得到了广泛应用，而且相对于其他理论在实际中的应用特别是工程应用中的优势，本书仍然在扩散理论的框架内对波流共同作用下泥沙垂线分布进行研究。后面的相关综述也仅围绕扩散理论展开。

1.2.2 单向水流作用下含沙量垂线分布研究的进展

泥沙运动力学的发展是从河流泥沙运动研究开始的。发展至今，关于单向水流作用下含沙量垂线分布的文献不胜枚举，经验公式和成果非常多。扩散理论最根本的问题是如何确定泥沙扩散系数。最简单的情况为假定扩散系数 ε 为常数。莱恩及卡林斯基根据天然河道的资料指出，就实用观点来说，扩散系数为常数已经足够可靠，并建议 ε 取为[10]

$$\varepsilon = \frac{\kappa u_{*c} h}{6} \tag{1-1}$$

式中，u_{*c}为水流摩阻流速；h 为水深；κ 为卡门常数。实际上，泥沙扩散系数不是一个常数，而是空间位置的函数。著名的 Rouse 公式的导出实际上就是认为扩散系数为抛物线形式[10]，即

$$\varepsilon = \kappa u_{*c} z \frac{h - z}{h} \tag{1-2}$$

自从推导出 Rouse 公式后，其他研究者做了大量工作以验证这一理论公式的结构是否正确以及公式中悬浮指标 $z = \omega_s/(\kappa u_{*c})$ 是否与实测值符合[23]。大量的野外实测资料表明，Rouse 公式的结构是正确的。在实验室内的研究方面，Vanoni、Ismail 及 Einstein 和钱宁等做了大量工作，也都证实了 Rouse 公式结构的正确性。另外，实测的悬浮指标与理论值之间仍然有一定的差别。一般来说，实测值都小于理论值，即实测的悬移质垂线分布要比理论计算结果更均匀。Einstein 和钱宁还建立了悬浮指标实测值与理论值之间的关系，称为扩散理论的第二近似解[10]。

Rouse 公式的基本结构是正确的，但其计算的水面含沙量为零，床面处的浓度为无穷大，这与天然河流中所观察到的结果不符。为了克服 Rouse 公式的不足，van Rijin[24]认为半水深以下扩散系数为抛物线形式，半水深以上为常数。

$$\varepsilon = \begin{cases} \kappa u_{*c} z \dfrac{h - z}{h} & z \leqslant 0.5h \\ 0.25\kappa u_{*c} h & z > 0.5h \end{cases} \tag{1-3}$$

文献[10]认为,Rouse 公式存在缺陷的主要原因是采用的动量交换系数是从对数流速分布推导而得的,于是用反双曲正切形式的流速分布代替对数流速分布,得到形式更为复杂的扩散系数表达式

$$\varepsilon = \frac{\kappa}{3}u_{*c}h\sqrt{\frac{h-z}{h}}\left[1-\left(\frac{h-z}{h}\right)^3\right] \tag{1-4}$$

张瑞瑾采用王志德流速分布公式,也导出一个含沙量垂线分布公式[10,25],在水面处含沙量也不为零,其公式结构更为复杂,这里不再赘述。王兴奎和钱宁[26]考虑了颗粒间离散力对浓度分布的影响,得出了扩散系数与粒径直径、密度之间的关系,即泥沙扩散系数将随泥沙粒径和密度的加大而增大,还随泥沙浓度的增大而加大。张小峰和陈志轩[27]从扩散方程出发,根据黏性流体的非滑移条件,考虑了泥沙颗粒周围有部分流体随泥沙一起运动的特点,假定垂直方向的时均流速为零,得到了一个新的悬沙浓度方程。倪晋仁和王光谦[28]根据掺混长度理论,假定垂向脉动流速 v' 为正态分布,结合泥沙颗粒垂线运动方向运动的特征长度 L_1,确定扩散系数为

$$\varepsilon = \frac{1}{2}L_1\left|v'\right| \tag{1-5}$$

并得出了悬沙分布公式(详见文献[28])。当该公式中系数 n 取 1 时,简化为 Rouse 公式。

最近,Nielsen 和 Teakle[15]分析了传统扩散理论的不足,并利用泰勒级数展开方法分析浓度分布本身对扩散通量的影响,提出了有限掺混长度理论,为从根本上弥补扩散理论的不足提供了新的思路和方法。

1.2.3 波浪作用下含沙量垂线分布研究的进展

这里所指的波浪作用不包括破碎波。一般情况下,悬沙浓度从海床底部开始向上逐渐减小,大部分悬浮泥沙集中在海床附近一个较小的范围内。波浪作用和单向水流作用相比有其特殊的地方,主要表现在两个方面:一是单向水流可以是恒定的,而波浪水流一定是非恒定的;二是单向水流中边界层能够得到充分发展,全部水深都可以存在紊流剪切应力,而波浪水流流速在较短的时间内正负交变,边界层得不到充分发展,只有在床面附近很薄的一层受到床面影响而存在剪切应力,形成近底边界层。因此,恒定的单向水流中,泥沙可以达到平衡状态。波浪水流中,随着波浪相位的改变,水流特性周期性变化,泥沙浓度分布也具有周期性,而泥沙浓度分布的周期平均才可以看做是平衡状态。因此,波浪作用下的泥沙研究可以划分为两种:一种是时间相关的,主要研究泥沙浓度的周期性变化;另外一种是时

间不相关的，主要研究相对平衡状态下时间平均的浓度分布。以往研究绝大多数都是针对时间平均的泥沙浓度分布进行的，而对泥沙浓度周期性变化的研究则相对较少，其中 Wikramanayake 的研究[29]具有代表性。Wikramanayake 采用时间不变的扩散系数，利用多重尺度法，对悬沙浓度周期性变化进行了分析。然而，从以往的研究成果和实际应用来看，合理确定时间平均浓度和速度分布对描述海岸泥沙运动更为重要[30]。因此，本书将主要对波浪作用下时间平均的泥沙浓度分布进行研究，下面的阐述也仅涉及这方面内容。

由于现场测量容易受到不确定因素的影响以及测量技术的限制，在波浪边界层以内的现场测量一直受到限制。早期的研究用振荡流实验来模拟波浪近底水体的运动，对边界层附近的泥沙浓度进行测量，得到了很多成果。随着技术的发展，大尺度波浪水槽实验兴起，激光、声呐、雷达等先进测量技术开始应用[31]，波浪作用下泥沙悬移的研究有了新的进展，使在全水深范围内研究纯波浪作用下的悬沙浓度分布成为可能。在波浪边界层和波浪悬沙研究方面，Jonsson[32]、Kamphuis[33]、Jonsson 和 Carlsen[34]、Hino[35]、Sleath[36]、Jensen[37]、Thorne[38]、Dang Huu[39]等人的实验和 Smith[40]、Grant 和 Madsen[41]、Myrhaug[42]、Kenndy[43]、Kos' yan[44]、Nielsen[45]、Thorne[38]、Dang Huu[39]等人的理论分析都是当今研究的基础。

Nielsen 认为泥沙扩散有扩散和对流两种形式，并按照扩散形式的不同，提出了扩散、对流和扩散—对流混合三种模式，并指出全面考虑扩散和对流过程才能更合理地解释泥沙悬浮[45]。大多数研究者在对扩散方程的简化过程中忽略了对流项，不考虑对流过程，结果属于扩散模型。从 Thorne[38]的分析中可知，三种模式的结果没有多大的差别，而且已有包含对流项的模型基本都可以转化为扩散模型的形式。这样，在根据实验结果调整扩散模型中参数时，可以认为已经隐含了对流的影响。

在以往的工作中，波浪边界层内扩散系数的研究常常借鉴单向水流中的研究成果，其形式往往与单向水流中相似。值得特别说明的是，最近 Teakle 和 Nielsen[15]以及 Absi[46]对波浪边界层内泥沙浓度的研究很有新意，值得借鉴。Nielsen 和 Teakle 分析了传统扩散理论的不足，并利用泰勒级数展开方法分析浓度分布本身对扩散通量的影响，提出了有限掺混长度理论，为从根本上弥补扩散理论的不足提供了新的思路和方法[15]。Absi 利用该理论对泥沙颗粒对掺混长度的影响进行了分析[46]。本书对悬移质泥沙浓度分布的研究也将在有限掺混长度理论的基础上展开。

在现有悬沙模型中，边界层以上部分，尤其是接近水面部分的悬沙浓度预测很不理想，其主要原因在于：一方面此处的泥沙浓度已经很低，不易测量；另一方面，对波浪边界层以外区域泥沙悬浮机理的认识还不成熟。最近,我们在 Kennedy[43]和 Kos'yan[44]研究的基础上,对波浪作用下上部水体的泥沙悬浮机理进行了分析,认为泥沙悬浮的主要因素从近床面的紊动扩散逐渐过渡到自由表面的波动水质点周期运动,提出了全水深悬沙扩散系数的表达式,建立了时均浓度分布的显式解析模型[48]。但该模型中某些参数的确定还需要更多的研究。本书部分内容将针对该问题进行探讨。

1.2.4 波流共同作用下含沙量垂线分布研究的进展

潮流和波浪共存情况下,流和波的相互作用与两者的相对强弱、夹角等因素密切相关,即使只考虑水流自身问题,情况已很复杂。一般认为,波浪和水流相互作用下水流和波浪的内部结构都要发生变化。有些研究者发现波浪叠加逆流时比叠加顺流时波高衰减快,并认为是由于不同方向的水流对波浪边界层结构影响不同造成的[49,50]。而 Nielsen 的研究表明这种解释是不合理的,实际上流的叠加对波浪边界层的影响是微弱的,对波浪能量耗散的影响也是微弱的,流对波的影响主要发生在外层,反映在波群速度上,进而影响波高的变化[45]。练继建和赵子丹在研究波流共存场中全水深水流流速分布时也指出,低剪切率和紊流度的水流运动对高剪切率和紊流度的波浪边界层的影响要比波浪对水流的影响小得多[51]。波浪对水流的影响主要反映在流速分布上。一般认为[52]波浪传播方向和流的流动方向相反时,摩阻流速会较没有流而只有波时的摩阻流速小,在方向夹角垂直时,减小的程度达到最大。同理,方向相同时,摩阻流速会增大。而且这种增大和减小的比例随着波流强度趋于相当的程度而增大[53]。复杂的水流条件,必然导致更为复杂的泥沙浓度变化,因此波流共同作用下泥沙浓度的研究需要采取适当的简化措施,忽略一些次要因素。

在波流共存流场中,沿水深可分为波流边界层、对数层和外层[51]。泥沙运动主要发生在波流边界层和对数层。波浪因素的存在使波、流共存时的水体运动为非恒定流,速度随时间变化,泥沙浓度分布也随时间变化。正如前面纯波浪作用时所述,目前波流共同作用下也以时间平均的悬沙浓度分布研究为主。

You[54]在对波流共同作用下流速的研究中指出,在边界层以内涡粘系数主要由波浪条件控制,而边界层以外涡粘系数主要由流的条件控制。因为传统上认为扩散系数和涡粘系数相等或成固定的比例关系,所以有学者认为在边界层以内,扩散系数主要由波浪条件控制,而边界层以外扩散系数主要由流的条件控制。Grant 和 Madsen[41]的双层涡粘系数(扩散系数)模型正是这种结论的体现。Glenn 和 Grant 在 Grant 和 Madsen 模型的基础上,将双层涡粘系数(扩散系数)改进为三层形式,考虑泥沙分层效应对流体的影响,建立了同时求解流速和浓度分布的模型[55]。Styles 和 Glenn 随后的研究认为,上述模型中涡粘系数的不连续和稳定参数形式的不合理导致边界层上部波流相互作用的不合理估计,他们进一步提出了改进的模型[56]。

van Rijn 最初取波流共同作用下泥沙扩散系数为波和流单独作用时扩散系数的线性叠加[57],后来进一步研究发现,将其表示为两者单独作用时扩散系数的均方根值更为合理[58]。

Williams 等[59]利用类似于 Rouse 公式中悬浮指标的参数和 Nielsen 公式中的泥沙浓度分布特征长度[45],建立了一个结构简单的半经验悬沙分布模型。该模型虽然不能从机理方面对泥沙悬浮进行更为合理的解释,但与较广范围的现场测量数据有较好的一致性。

有关波流作用下的悬沙,目前已经有大量实验室研究和野外现场测量。例如,Chen[60](1992)研究了沙纹床面上波流共同作用时的悬沙分布。对此,van Rijn 也进行了系列研究,1993 年利用波流水槽对波流同向和反向两种情况下泥沙浓度分布进行了测量[61],1995 年又对波流不同夹角时的情况进行了实验研究[62]。此外,van Rijn[57]还曾经对波流共存时航道淤积现象进行了实验研究。Sistermans[30]进行了非均匀沙的系列实验。Nielsen[63]、Green[64]、Wright[65]、Kagan[66]、时钟[67]等都进行了现场测量工作。此外,国内相关科研单位结合工程项目也进行了大量现场测量[68]。实验研究和现场测量方面成果非常丰富,各家侧重点也不相同,这里仅列举了很少一部分。

1.2.5 高浓度含沙水体的相关研究

Kirby 和 Parker [69]首次用 Lutocline(泥跃层、密跃层)一词描述潮汐河口黏性细颗粒悬沙浓度分布的不连续性,即垂向悬沙浓度出现明显的分层现象,近底浓度高,上层浓度低,两者之间有明显的界线。此后,泥跃层和近底高含沙层被发现普遍存在于淤泥质海岸,有些研究者也将其称为浮泥。近年来,很多建设在粉沙质海岸的港口,也碰到很多类似问题,在风暴等恶劣天气条件下,临近底部形成高浓度含沙水体,在港池和航道形成骤淤,影响了港口的正常运营[4,70]。以往对黏性泥沙高浓度现象的研究较多,而对粉沙质海岸上非黏性泥沙高浓度含沙水体的研究还不多、认识还很有限,一些问题存在争议。本文将针对非黏性泥沙的高浓度现象进行研究。

通常,高浓度含沙水体具有如下特征[71,72]:泥沙浓度高于 $10kg/m^3$;有密跃层存在,浓度梯度在某高度处陡然变化,有明显的分层现象;高浓度泥沙随水流一起运动，呈现悬移运动状态；没有絮凝现象。临底高浓度含沙层形成的根本原因是大波浪作用，与波浪边界层的厚度、紊动强度有直接关系。泥沙浓度上小下大的分布规律，导致水体密度向上递减，尤其在密跃层处有较大的密度梯度。床面是紊动的发源地，当紊动水团（漩涡）携带泥沙从较低的位置运动到较高的位置，则此时水团将处于密度比它小的流体中，所受浮力将小于出发位置处所受浮力，打破了原有的受力平衡，因而受到向下的有效重力，使水团向上的运动速度减小；相反，如水团向下运动，则将处于密度比它大的流体中，因而受到向上的浮力，也将使水团的向下运动速度减小。这样，密度梯度有使紊动减弱的作用。当含沙量不高时，水体密度受悬沙影响比较小，水体密度变化不明显，从而泥沙对紊动不产生制约作用。当含沙量较高，尤其是存在明显分层现象时，悬沙形成的密度梯度将对水流紊动产生明显抑制作用，而且含沙量越大，抑制程度越明显。水流紊动受到抑制，泥沙向上的扩散量也将减小，这将加剧泥沙分层。因此，高浓度含沙水体特性可以通过经典的分层流理论来解释。

理查逊数（Richardson Number）是存在密度梯度的流体运动中的一个重要特征参数，代表单位水体在单位时间内所提供的能量中用以克服垂向密度梯度所消耗的能量所占的比例[10]。Turner[73]认为理查逊数存在临界值，当超过临界值时，流体紊动将完全被抑制。Balmforth[74]等研究了密度梯度对流体掺混长度的影响。Winterwerp[75]认为挟沙水流存在两种临界状态，一种是饱和状态，另外一种是超饱和状态。这里所说的高含沙水体属于达到或接近饱和状态的流体。Winterwerp[76]还发现悬沙分层效应在含沙量不大时（约为 0.1kg/m^3）就可能发生。Styles 和 Glenn[56]仿照气体边界层中热力分层流的研究方法，引入 Monin-Obukov 长度，建立稳定系数来反映泥沙浓度分层的影响。van Rijn[58]采用更为简单的方法，即直接修正扩散系数的方法来反映泥沙分层效应对扩散系数的影响，获得了广泛应用。赵冲久[5]结合工程实际，对高浓度含沙水体特性进行了研究，给出了输沙量计算方法。

最近很多现场资料都对高浓度含沙水体的运动特征进行了描述。在航道淤积研究中，发现高浓度含沙水体存在于悬移和推移质之间的过渡层，运移形态与悬移质相似，进入航道后全部沉积在航道内，又与推移质淤积特性相似[70]。Lamb[71,72]等用振荡流水槽对粉沙高浓度层进行了系统研究，对边界层内外水流流速、紊动强度、泥沙浓度分布进行了详细的测量。本书将利用他们的实验结果对高浓度含沙水体中泥沙分层现象与紊动强度的关系进行深入分析，建立考虑高浓度现象的悬沙分布模型。

1.3 波流共同作用下挟沙能力的研究综述

“挟沙能力”这一概念最早是在河流泥沙运动研究中提出来的，表示在一定的水流及边界条件下，能够通过河段下泄的泥沙总量。该方法的优点在于直接建立含沙量与水流强度之间的关系，避免描述泥沙悬浮过程，便于应用。从 Gilbert[77]最初的挟沙能力水槽实验开始，随着水流紊动和泥沙运动机理研究的不断深入，挟沙能力公式也从纯经验公式逐渐发展为带经验假定的理论公式。后来在河口、海岸泥沙研究中也引入了挟沙能力方法。对潮流和波浪共存时挟沙能力的进一步研究虽然不能从泥沙悬浮机理上有更多的突破，但对实际应用特别是工程实践具有重要意义。本书的研究内容中，将包含利用挟沙能力模型建立二维泥沙数学模型并解决粉沙质海岸实际问题的工作。为此，这里对波流共同作用下挟沙能力研究进展进行简单总结。

刘家驹[78]对风浪和潮流综合作用下的掀沙和输沙做了综合研究，给出了挟沙能力公式。刘家驹公式被我国“海港水文规范”所采纳，用以计算浅滩水域的平均含沙量[79]。窦国仁[80]依据能量叠加原理，认为波流共同作用时挟沙能力为波流单独作用时挟沙能力之和，从理论上导出了潮流和波浪共同作用下的挟沙能力公式。曹文洪和张启顺[81]根据紊流猝发的时空尺度得到波浪和潮流作用下床面泥沙上扬通量，然后根据连续律，建立了平衡近底含沙量的理论表达式，进而根据波浪掀沙、潮流输沙的模式，推导得出了物理概念清晰并充分考虑床面附近泥沙交换机理的波流共同作用下的挟沙能力公式。该公式经过黄河口实测资料的验证，计算和实测符合。曹文洪[82]还从床面附近泥沙颗粒的运动特征出发，分析波浪作用下床面泥沙扬起的动力学机制，得到波浪掀沙公式。罗肇森[83]根据波动水流能量原理，参考窦国仁推导底沙输沙量的方法，推导出波浪、潮流和风吹流共同作用下的底沙输沙量（包括推移质和部分悬移质输沙）计算式。乐培久和杨细根[84]根据能量叠加原理也得到了波流共同作用下的挟沙能力公式。曹祖德[85]等分析了以往波流挟沙力公式的不足，从边界层理论出发建立了波流共存时的床面剪切应力，进一步以能量理论导出了波流共同作用下的水体挟沙能力公式，并利用现场资料根据海岸类型确定了其公式中系数的取值。郝殿纲[86]对有关粉沙质与淤泥质浅滩上风浪和水流作用下的挟沙能力问题结合现场实测及实验进行了分析。以上研究大多针对非破碎波进行，对破碎波特别是对平缓岸坡上的波浪破碎因素考虑的还不充分，本书将依据波浪破碎前后波能演变规律建立考虑破碎因素的挟沙能力模型，并应用于粉沙质海岸泥沙运动规律的研究。

1.4 海岸河口泥沙数学模型研究进展

随着泥沙理论、数值方法和计算机的发展,泥沙数学模型的研究得到了很大的发展,成为研究泥沙运动的重要手段。很多文献都对海岸河口地区泥沙数学模型的研究进行了总结[87-91]。本书内容涉及二维和三维泥沙数学模型的改进和应用,这里仅对海岸河口泥沙数学模型做简单概述。

河口海岸二维泥沙数学模型的研究较早,已经比较成熟,得到了广泛的应用。窦希萍和罗肇森[92]、陆永军[93,94]等、朱志夏等[95]、张庆河等[96]、李孟国和时钟[97]、徐峰俊和刘俊勇[98]、邹舒觅和林缅[99]等研究者对波流共同作用下的二维泥沙数学模型进行了研究,并应用于我国不同类型的海岸。近年来,随着对泥沙运动研究的深入,三维模型也得到了很大发展。国外三维泥沙数学模型研究起步较早,成熟的商业软件和开放源代码的模型都较多,其中开源模型有 FVCOM、ECOMSED、ROMS、MOHID、EFDC 等,商业模型主要有 DELFT3D 和 MIKE3 等[100-102]。国内学者对三维泥沙数学模型也开展了很多研究工作。曹祖德等[103]采用分层二维模式模拟了三维波流共同作用下的泥沙输运及海底演变。李孟国、时钟[104]等利用三维泥沙模型对伶仃洋的三维潮流输沙进行了模拟。白玉川[105]等对潮波联合输沙及海床演变理论进行了研究。赵群[106]利用 ECOMSED 和 SWAN 模式对大风作用下的黄骅港海域以及外航道淤积情况进行了研究。张娜[107]利用 MOHID 模型针对天津港回淤问题进行了模拟。陈国祥和陈界仁[108]对三维泥沙数学模型研究进展进行了总结和评述。

以上这些泥沙数学模型中,有些考虑了波浪和潮流共同作用,有些仅考虑了潮流的作用。需要说明的是,考虑波浪、潮流共同作用的泥沙运动方程在形式上与仅考虑潮流作用的方程没有变化,波浪的作用常体现在水动力模型和泥沙运动方程某些参数上(如泥沙扩散系数、挟沙能力)[91]。目前,考虑波流共同作用下粉沙质海岸泥沙运动特点(如高浓度含沙水体等)的泥沙数学模型还不多见。因此,在充分了解泥沙运动机理的基础上建立数学模型中的泥沙运动模式,是提高泥沙数学模型预测精度、更准确地反映泥沙运动规律的有效途径。

1.5 粉沙质海岸泥沙运动及航道淤积研究进展

粉沙质海岸泥沙运动活跃,易起易沉,易发生淤积,因此过去一段时间内,在一定程度上将粉沙质海岸视为建港“禁区”,由于对其水动力泥沙特性了解较少,称为泥沙研究的“盲区”[109]。近年来,根据经济发展需要,在粉沙质海岸上建设的港口也越来越多,如河北黄骅港、京唐港,山东潍坊港、东营港、滨州港,江苏如东港等。伴随着港口建设的增多,粉沙质海岸上泥沙问题,特别是航道淤积问题越来越突出。

一些学者从泥沙基本水力特性角度展开研究。高学平[110]等对黄河口埕岛地区的粉沙起动特性进行了理论分析和实验研究,提出了“板结力”的概念。徐宏明和张庆河[111]用潍坊港和黄骅港泥沙对单向水流和波流共同作用下粉沙的起动特性进行了实验研究。张庆河[112]等对黄骅粉沙的静水沉降特性进行了研究,揭示了粉沙群体中不同粒径组分的分选现象,给出了黄骅港不同级配泥沙的代表沉速。曹祖德等[4]通过理论分析和水槽实验揭示出粉沙质海岸泥沙淤积物中悬移质和推移质的比例,并提出了粉沙海岸淤积计算的方法。赵冲久[113]等对底部高浓度含沙水体输沙量进行了实验研究,并给出了计算方法。赵冲久[5]还对波浪作用下粉沙垂线浓度分布进行了实验研究和理论分析。李世森、韩鸿胜[114]等进行了破碎波作用下粉沙悬浮的实验研究。

一些研究者针对不同港口特点从宏观角度对粉沙质海岸泥沙运动和航道淤积规律进行了研究和分析。王成环[115]探讨了京唐港在挡沙堤形成的各阶段,港区附近泥沙运动规律,提出了整治与疏浚的最佳组合方案。张庆河[116]等依据现场测量结果给出了黄骅港附近海域海床表层泥沙颗粒的分布规律,并对海域表层泥沙的运动特性进行分析,指出了航道可能的回淤模式和疏浚对策。杨华和侯志强[117]通过对黄骅港海区的气象、水文、地貌等自然条件的分析,阐述了黄骅港外航道泥沙淤积的原因。孙林云[118]等通过物理模型实验,对京唐港外航道淤积特性进行了分析。

一些研究者,如曹祖德等[4,70]、刘家驹[119]、罗肇森[120]、韩西军[121]等,从泥沙运动机理角度对航道淤积问题进行了研究,并提出了航道淤积的计算方法。还有研究者从平面二维或垂向二维角度对航道淤积进行了数值模拟研究[96,122]。由于对粉沙运动认识水平的限制,对航道淤积机理还没有统一的认识。很多研究者[4,5,70,116,119]都认为底部高浓度含沙水体不平衡输沙是造成航道淤积的主要原因。但对高浓度泥沙从浅滩上运动到航道内形成淤积的过程,以及高浓度水体中水体紊动特性、含沙量分布等的研究还不多。因此,只有深入研究高浓度含沙水体特性,掌握其运动规律,才能对航道淤积现象进行更合理的解释。

1.6 主要研究工作

通过分析前人在此领域的研究成果以及还有待于解决的问题,本书将建立泥沙运动的理论模型，并将其应用于泥沙数学模型，对粉沙质海岸泥沙运动和航道淤积进行研究。具体工作如下：

(1)第 2 章首先对有限掺混长度理论进行系统的介绍，然后在该理论的基础上分析紊动漩涡与掺混长度之间的关系，建立单向水流中悬沙浓度分布模型。

(2)第 3 章对波浪作用下泥沙悬浮机理进行分析，根据有限掺混长度理论，建立全水深悬沙垂线分布模型。依据振荡流水槽实验结果，对高浓度含沙水体特性进行初步分析，并建立理论模型和简化模型。然后，采用紊动制约函数直接修正扩散系数的方法，建立波流共同作用下考虑高浓度现象的悬沙浓度垂线分布模型，并对模型进行验证。

(3)第 4 章利用第 3 章建立的波流共同作用下悬沙垂线分布模型，对 Wai 和 Jiang 联合开发的三维并行水动力泥沙模型进行改进，并对改进后的模型进行验证。

(4)第 5 章利用第 4 章中建立的泥沙数学模型对粉沙质海岸航道淤积现象进行模拟研究，揭示高浓度含沙水体在航道淤积中的作用及淤积机理。

(5)第 6 章根据能量平衡理论，依据波浪破碎前后波能演变规律，对窦国仁波浪挟沙能力公式进行改进，并通过收集的资料确定公式中的关键系数。

(6)第 7 章利用第 6 章改进的波流共同作用下的挟沙能力模型，从宏观角度分析粉沙质海岸上波浪因素特别是破碎作用对泥沙运动的影响；建立航道淤积计算公式，对粉沙质海岸航道淤积强度进行估计。

(7)第 8 章对全书进行总结，并指出进一步研究方向。

第2章　有限掺混长度理论

泥沙的悬浮运动是一个复杂的过程。目前，用于研究悬移质含沙量分布的基本理论有[8,9]：扩散理论、混合理论、能量理论、相似理论、随机理论以及两相流理论等。虽然各种理论的出发点各异，但控制方程经过转化，其结构形式与扩散理论相同或相近，主要表现为扩散系数的不同[8]。因此，本书依然采用扩散理论研究悬移质含沙量垂线分布问题。

类比于成功解释分子扩散现象的菲克定律，传统的扩散理论认为单位时间内垂线方向上紊动扩散的泥沙通量与泥沙浓度梯度成正比，扩散方向与浓度梯度方向相反。Nielsen 和 Teakle[15]分析了传统扩散理论的不足，并利用泰勒级数展开方法分析泥沙本身对扩散通量的影响，提出了有限掺混长度理论，为更深入地研究悬移质含沙量分布提供了新的思路和方法。本章将详细介绍有限掺混长度理论，并利用该理论对单向水流作用下悬移质含沙量垂线分布进行分析。

2.1　有限掺混长度理论

2.1.1　基于有限掺混长度理论的紊动扩散

根据普朗特的掺混长度理论，试设想有一个水团（或质团）在流场中做随机性运动，水团在运动过程中将保持起始点所具有的各种水流性质（如动量、热量、含沙量等），直到它在垂直于水流的方向经过一个距离 l 后终止行程并和当地水流相混合时，性质才发生急剧改变，失去原有特性而和当地的平均性质取得一致。假设水团起始点和终点平均性质的差别等于这一性质在终点的脉动，则这一距离 l 相当于漩涡在水流垂直方向的生命跨度，称为紊流的掺混长度[10]。以泥沙运动为例（图2-1），根据质量守恒原理，当有水团以速度 w_m（称为掺混速度）从 $z-l/2$ 运动到 $z+l/2$ 位置时，必有相应体积的水团从 $z+l/2$ 运动到 $z-l/2$ 位置，可假设两个水团在垂向上的运动速度大小相同，则两个水团同时到达位置 z 处，单位时间内在垂直方向上通过单位面积的含沙量（即位置 z 处紊动扩散产生的泥沙通量）为

$$q_m = w_m[c(z-l/2) - c(z+l/2)] \tag{2-1}$$

一般情况下，由于垂线方向泥沙浓度呈上小下大的分布特点，上下运动的水团将导致向上的泥沙净通量。按照扩散理论，平衡状态下这种紊动扩散由泥沙重力所平衡，即

$$q_{\mathrm{m}} - \omega_{\mathrm{s}} c(z) = 0 \tag{2-2}$$

式中，ω_{s} 为泥沙颗粒的沉降速度。

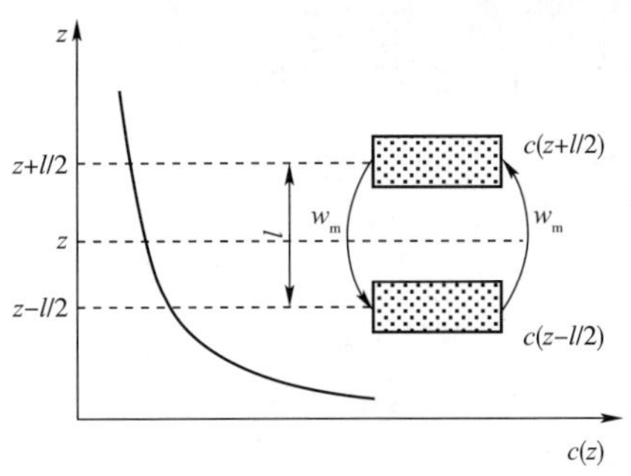

图 2-1　有限掺混长度理论示意图[15]

由于紊流中流体质点（或质团、微团）的运动与分子运动一样具有随机性，并且水流中的动量、热量、含沙量等性质呈现出和分子扩散相似的现象，即各种量均呈现出从高含量处向低含量处运动的性质，因此，很多研究将成功解释分子扩散现象的菲克定律借用到紊流引起的扩散研究中[15]。以泥沙悬浮运动为例，可以认为单位时间内在垂直方向上由于紊动产生的泥沙通量与泥沙浓度梯度成比例，即

$$q_{\mathrm{m}} = -\varepsilon_{\mathrm{Fick}} \frac{\mathrm{d}c}{\mathrm{d}z} \tag{2-3}$$

式中，$\varepsilon_{\mathrm{Fick}}$为泥沙扩散系数，下角标 Fick 表示遵循菲克定律的形式，负号表示扩散方向和浓度梯度方向相反。

由式(2-2)和式(2-3)可以得目前广泛应用的一维扩散方程

$$\varepsilon_{\mathrm{Fick}} \frac{\partial c}{\partial z} + \omega_{\mathrm{s}} c = 0 \tag{2-4}$$

考虑边界条件，将上式积分得

$$c(z) = c(z_{\mathrm{c}}) \mathrm{e}^{-\int_{z_{\mathrm{c}}}^{z} \frac{\omega_{\mathrm{s}}}{\varepsilon_{\mathrm{Fick}}} \mathrm{d}z} \tag{2-5}$$

式中，$c(z_{\mathrm{c}})$为参考点浓度；z_{c} 为参考点高度。由此可知，求解式(2-5)的关键在于建立合理的扩散系数表达式和准确确定参考浓度。

虽然紊流中流体质点的运动可以类比于分子的随机运动，但是两者还是有一定区别的。Taylor 用拉格朗日方法研究单个质点在均匀紊流中紊动扩散时，指出菲克定律只有在 $t/T_L \to \infty$ 即质点掺混所需时间远远大于摆脱历史影响所需时间才有效[123]：

$$\overrightarrow{q_{\mathrm{m}}} = -w'^2 T_{\mathrm{L}} \cdot \mathrm{grad}c \tag{2-6}$$

式中，t 为掺混时间；T_{L} 为拉格朗日积分时间尺度（Lagrangian integral time scale）（表征流体质点摆脱历史影响所必须经历的时间的度量）；w' 为扩散速度。该条件在空间上表现为：

$$l/L \to 0 \tag{2-7}$$

式中，掺混长度 $l \approx w' T_{\mathrm{L}}$（Taylor 称其为拉格朗日积分长度尺度，即 Lagrangian integral length scale，表征流体质点摆脱历史影响所必须经历的距离的度量），L 为 t 时刻内分子运动的距离。该条件表明，掺混长度与质点的位置和平均流速无关。然而紊流中情况复杂，很多时候菲克定律不能严格满足，掺混长度既是位置又是流速场的函数，相对于研究对象的分布尺度并不是无穷小。为了区别于满足菲克定律的掺混长度，Nielsen 和 Teakle 将紊流中的掺混长度称为有限掺混长度[15]。

正如文献[10]中所述："动量交换更多地通过小尺度漩涡完成，而泥沙的扩散则主要是较大尺度紊动的交换作用。这样，虽然同样都是建立在掺混长度理论的基础上，但流速分布比含沙量分布更为可靠一些。"因为漩涡尺度越大，掺混长度也越大，所以泥沙扩散更容易不满足扩散定律。漩涡运动和泥沙扩散是水流挟沙过程的两个方面，前者为后者提供动力条件，两者必然存在联系，也存在差异。因此，泥沙研究中通常用施密特数 S_{c}（Schmidt number，$S_{\mathrm{c}} = v_{\mathrm{T}}/\varepsilon$）或修正系数 β（$\beta = 1/S_{\mathrm{c}}$）来修正紊动涡粘系数 $v_{\mathrm{T}} = w_{\mathrm{m}} l$ 的方法得到扩散系数 ε。然而，从已知的悬移质浓度垂线分布数据入手，利用传统的扩散方程反推扩散系数或 β，结果常常相互矛盾或没有规律性[10]。除去实验本身的误差外，泥沙扩散悬浮机理本身的不完善是造成相互矛盾结果的根本原因。刘大有基于一般两相流的双流体模型分析了传统扩散方程的不足，认为传统泥沙运动理论的缺陷，主要是因为引入菲克定律引起的，其次是扩散模型本身的近似[12,13]。倪晋仁和梁林讨论了传统扩散理论在描述泥沙颗粒垂线分布时的不足，并指出动理学在悬浮泥沙运动研究中的应用前景[9,124]。傅旭东和王光谦以两相流模型为基础，定量分析了传统泥沙扩散方程的内在误差[14]。这些研究工作都表明，从根本上完善泥沙扩散悬浮机理必须解决菲克定律局限性的问题。

为了避免菲克定律的局限性，Nielsen 和 Teakle 对式（2-1）进行了泰勒展开得

$$q_{\mathrm{m}} = -w_{\mathrm{m}} l\left(\frac{\mathrm{d}c}{\mathrm{d}z} + \frac{l^2}{24}\frac{\mathrm{d}^3 c}{\mathrm{d}z^3} + \cdots\right) = -w_{\mathrm{m}} l \frac{\mathrm{d}c}{\mathrm{d}z}\left\{\sum_{n=1}^{\infty}\left[\frac{l^{(2n-2)}}{(2n-1)!2^{(2n-2)}}\frac{\dfrac{\mathrm{d}^{(2n-1)}c}{\mathrm{d}z^{(2n-1)}}}{\dfrac{\mathrm{d}c}{\mathrm{d}z}}\right]\right\} \tag{2-8}$$

由式（2-2）和式（2-8）得

$$w_{\mathrm{m}} l\left(\frac{\mathrm{d}c}{\mathrm{d}z} + \frac{l^2}{24}\frac{\mathrm{d}^3 c}{\mathrm{d}z^3} + \cdots\right) + \omega_{\mathrm{s}} c = 0 \tag{2-9}$$

则表观扩散系数（满足菲克定律形式的扩散系数）应为

$$\varepsilon_{\text{Fick}} = w_m l \left[1 + \frac{l^2}{24} \frac{\frac{\mathrm{d}^3 c}{\mathrm{d}z^3}}{\frac{\mathrm{d}c}{\mathrm{d}z}} + \cdots \right] \tag{2-10}$$

由此可见，挟沙水流中的扩散系数不仅与掺混长度 l、掺混速度 w_{m} 有关，而且与浓度的高阶导数也有关，传统扩散理论未能反映这一点。

2.1.2 均匀紊流中的紊动扩散

为了更清楚地认识扩散与浓度高阶导数相关项的关系，考虑均匀紊流(homogenous turbulence flow)的情况。均匀紊流中，紊流在空间各点的统计特征值都一样，即不随坐标值改变。此时，掺混长度 l 和掺混速度 w_{m} 为常数。可假设浓度分布具有如下形式[15]

$$c(z) = c(z_{\mathrm{c}})\mathrm{e}^{-(z-z_{\mathrm{c}})/L_{\mathrm{c}}} \tag{2-11}$$

式中，L_{c} 称为泥沙浓度分布尺度，z_{c} 为参考浓度高度。将式(2-11)带入式(2-8)可得

$$q_{\mathrm{m}} = -w_{\mathrm{m}} l \frac{\mathrm{d}c}{\mathrm{d}z}\left[2\frac{L_{\mathrm{c}}}{l}\sinh\left(\frac{l}{2L_{\mathrm{c}}}\right)\right] = -w_{\mathrm{m}} l \frac{\mathrm{d}c}{\mathrm{d}z}\left[1 + \frac{1}{24}\left(\frac{l}{L_{\mathrm{c}}}\right)^2 + \cdots\right] \tag{2-12}$$

由式(2-12)可知，只有在 $l/L_{\mathrm{c}} \to 0$ 时紊动掺混过程才满足菲克定律，其在形式上才与式(2-3)一致。进一步结合式(2-2)和式(2-10)分别得

$$L_{\mathrm{c}} = \frac{l}{2\sinh^{-1}\left(\frac{\omega_{\mathrm{s}}}{2w_{\mathrm{m}}}\right)} = \frac{l w_{\mathrm{m}}}{\omega_{\mathrm{s}}}\left[1 + \frac{1}{24}\left(\frac{\omega_{\mathrm{s}}}{w_{\mathrm{m}}}\right)^2 - \cdots\right] \tag{2-13}$$

$$\varepsilon_{\text{Fick}} = \frac{\omega_{\mathrm{s}} l}{2\sinh^{-1}\left(\frac{\omega_{\mathrm{s}}}{2w_{\mathrm{m}}(z)}\right)} = w_{\mathrm{m}} l\left[1 + \frac{1}{24}\left(\frac{\omega_{\mathrm{s}}}{w_{\mathrm{m}}}\right)^2 + \cdots\right] \tag{2-14}$$

式(2-14)说明，即使在均匀紊流条件下，泥沙扩散系数也不只是仅与水流条件有关，还与泥沙的沉降速度有关。这样修正系数可表示为

$$\beta = \left[1 + \frac{1}{24}\left(\frac{\omega_{\mathrm{s}}}{w_{\mathrm{m}}}\right)^2 + \cdots\right] \tag{2-15}$$

相似的，van Rijn 在研究明渠流中泥沙运动规律时，认为修正系数 β 与摩阻流速 u_* 和沉降速度有关[24]，即

$$\beta = 1 + 2\left[\frac{\omega_{\mathrm{s}}}{u_*}\right]^2 \qquad 0.1 < \frac{\omega_{\mathrm{s}}}{u_*} < 1 \tag{2-16}$$

式(2-15)和式(2-16)都反映出，表观扩散系数随泥沙沉降速度与某个特征速

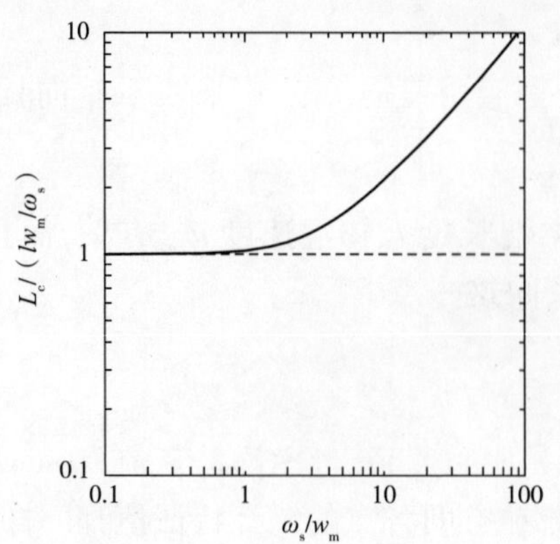

图 2-2 均匀紊流中有限掺混长度模型的 L_c 和菲克定律的 L_c 的比较[15]

度比值的增大而增大。扩散是紊流中普遍存在的性质,均匀紊流中某些性质又常常可以推广到非均匀紊流中,因此不妨假设式(2-15)也适用于明渠水流,则此时掺混速度 w_m 是水深 z 的函数,修正系数 β 也应为 z 的函数。由此可见,至少在形式上式(2-15)更为合理。

下面通过均匀紊流中有限掺混长度模型的 L_c 和菲克定律的 L_c 的比较,表明采用菲克定律可能带来的误差。按照菲克定律,浓度分布尺度应为 lw_m/ω_s。如图 2-2 所示,在 $\omega_s/w_m \leqslant 1$ 即沉降速度小于或相当于扩散速度时,两种 L_c 非常接近,菲克定律适用;在 $\omega_s/w_m > 1$ 时,两种 L_c 偏差越来越明显。

2.2 有限掺混长度理论应用——单向水流作用下的悬沙分布

本书的重点在于研究海岸地区的泥沙运动。海岸地区波浪和潮流是泥沙运动的主要动力。潮流是海水质点在引潮力作用下的水平运动[125]。虽然潮流流速随潮位周期性变化也呈周期性,但是在研究泥沙垂向分布时,相对于泥沙的响应时间,潮流的周期性可以忽略,潮流作用下的泥沙运动与河流中的泥沙运动没有本质上的差别,可以近似认为是单向水流作用下的泥沙运动,因此这里首先采用有限掺混长度理论探讨单向水流作用下悬移质含沙量的分布。

2.2.1 掺混速度和掺混长度

从式(2-9)可知,有限掺混扩散模型建立的关键是合理确定掺混速度 w_{mc} 和掺混长度 l_c(下角标 c 表示水流条件,区别于波浪条件)。

下面首先确定掺混速度 w_{mc}。紊流中,漩涡的运动对于水体主要表现为动量的交换,从而决定速度分布;而对于泥沙则起到使之产生紊动扩散的作用,从而决定浓度分布。泥沙和水体都是构成漩涡运动的实体,有近似相同的垂向运动速度。Ni 和 Wang[28] 根据 Hino[126] 和 Yalin[127] 的研究结果,指出泥沙对紊动强度的影响是轻微的,可以忽略。因此,可近似由水流垂向脉动强度确定泥沙的垂向扩散速度。

这里采用 Nezu 和 Nakagawa[128]的明渠水流紊动强度分布公式来表示垂向掺混速度

$$w_{mc} \approx \sqrt{\overline{v'^2}} = 1.27u_{*c}\exp(-z/h) \tag{2-17}$$

式中，v'为水体垂向脉动速度；u_{*c}为水流摩阻流速；h 为水深。

对于掺混长度，根据卡门紊流相似假说可知[10]

$$l_c = \kappa\left|\frac{du/dz}{d^2u/dz^2}\right| \tag{2-18}$$

式中，κ 为卡门常数；u 为水平方向流速。根据普朗特的掺混长度理论可知[10]

$$\tau = \rho l_c^2\frac{du}{dz}\left|\frac{du}{dz}\right| \tag{2-19}$$

式中，τ 为剪切应力；ρ 为流体密度。由式(2-18)和式(2-19)可得

$$\tau = \rho\kappa^2\frac{(du/dz)^4}{(d^2u/dz^2)^2} \tag{2-20}$$

可见，只要能够确定剪切应力分布，就能根据式(2-20)确定 du/dz，进而根据式(2-18)得到掺混长度 l 。

大量研究表明，明渠流中无论是清水还是挟沙水流，剪切应力都基本呈线性分布[10,128-131]，即

$$\tau = \tau_0\left(1 - \frac{z}{h}\right) \tag{2-21}$$

式中，$\tau_0 = \rho u_{*c}^2$ 为床面剪切应力。因此，可得掺混长度分布为

$$l_c = 2\kappa h\left[\left(1 - \frac{z}{h}\right)^{\frac{1}{2}} - \left(1 - \frac{z}{h}\right)\right] \tag{2-22}$$

另外，根据式(2-18)和式(2-22)可解得与文献[10]中公式相同的流速分布

$$\frac{u_{max} - u}{u_{*c}} = -\frac{1}{\kappa}\left\{\left(1 - \frac{z}{h}\right)^{1/2} + \ln\left[1 - \left(1 - \frac{z}{h}\right)^{1/2}\right]\right\} \tag{2-23}$$

式中，u_{max}为水面处的流速。这表明上述掺混长度分布表达式是合理的。

垂向上某一位置处的掺混长度实际上是该位置处可能出现的不同尺度紊动漩涡大小的平均量度。不同考察对象平均的结果不相同。对于水体而言，作为紊动的载体，几乎所有尺度的漩涡都参与动量传递，掺混长度是所有漩涡的平均量度，可称为水体掺混长度；对于泥沙而言，并不是所有漩涡都能携带泥沙，只有那些尺度足够大，能量足够高的漩涡才可以，这样反映泥沙扩散的掺混长度是那些尺度相对较大的漩涡的平均量度，可称为泥沙掺混长度[132]。

单从泥沙粒径大小考虑，颗粒越大，所需的能够携带泥沙的漩涡的最小尺度也越大，则平均量度越大，掺混长度也越大。实际情况下，这种平均可能更为复杂，和漩涡所能携带的泥沙量也相关，宏观上表现为与泥沙浓度相关。随着浓度的增大，泥沙对紊动的制约作用越来越明显，水体掺混长度随浓度增加而减小（卡门常数减小）[132]，由于泥沙以水体为载体，其掺混长度也必然随浓度增加而减小。此外，泥沙浓度分布通常上小下大，浓度梯度进一步起到抑制掺混的作用，这种抑制可能对泥沙本身的影响更为明显[133]，导致泥沙掺混长度进一步减小。当泥沙浓度足够大，梯度抑制作用足够明显时，泥沙掺混长度将可能小于水体掺混长度。对于易于悬浮的细颗粒泥沙，由于其掺混长度本身与水体掺混长度接近，而且相同浓度时颗粒间相互作用更为明显，所以细颗粒泥沙更容易表现出泥沙掺混长度小于水体掺混长度的现象。以上内容的描述含有假设成分，但总体上讲与目前人们的认识还是相一致的，即动量交换更多地通过小尺度漩涡来完成，而泥沙扩散则主要通过较大尺度紊动交换来实现[10]。

清水中，卡门常数 κ 不因流量、平均流速以及边界条件（包括几何尺寸和糙率）而变；挟沙水流中，卡门常数因挟沙量的大小及其沿垂线的分布而异[10]。挟沙水流中，卡门常数变化规律的研究是以水体为考察对象，反映泥沙的存在对水流结构的影响。式（2-22）正是以水体为研究对象推导的掺混长度。当以泥沙为考察对象时，按照上面描述的内容，泥沙掺混长度应该有别于水体掺混长度，但因为水体和泥沙是同一过程的两个参与者，所以可假设这种差异通常局限在数量上，而分布形式上是一致的。于是，根据式（2-22）得到泥沙掺混长度分布

$$l_c = 2\kappa_s h\left[\left(1 - \frac{z}{h}\right)^{\frac{1}{2}} - \left(1 - \frac{z}{h}\right)\right] \tag{2-24}$$

式中，κ_s 为泥沙掺混长度系数，需根据实验来确定。

2.2.2 含沙量对泥沙沉速的影响

水体中如果同时存在许多泥沙颗粒，有一定的含沙浓度，则对任何一颗泥沙来说，其他颗粒的存在将对它的沉降产生影响，此时的泥沙沉速称为群体沉速。对非黏性泥沙而言，泥沙浓度对泥沙沉降速度通常产生制约作用，浓度越大，群体沉速越小。

为了反映泥沙浓度对颗粒沉速的影响，这里以及后面波浪、波流共同作用下的模型都采用 Cheng 的群体沉降速度公式[135]

$$\omega_s = \omega_{s0}(1 - c_V)^n \tag{2-25}$$

$$n = \frac{\ln\left(\frac{2 - 2c_V}{2 - 3c_V}\right) + 1.5\ln\left\{\frac{\sqrt{25 + \left[\frac{(1 - c_V)(2 - 3c_V)^2}{4 + 4\Delta c_V}\right]^{\frac{2}{3}}(R^{\frac{4}{3}} + 10R^{\frac{2}{3}})} - 5}{\sqrt{25 + R^{\frac{4}{3}} + 10R^{\frac{2}{3}}} - 5}\right\}}{\ln(1 - c_V)} \tag{2-26}$$

式中，ω_{s0}为泥沙颗粒在静水中沉降速度；c_V 为泥沙体积浓度；n 为沉速抑制系数；$\Delta=(\rho_s-\rho)/\rho$，$\rho_s$ 和 ρ 分别为泥沙和水的密度；R 的表达式为

$$R = (\sqrt{25 + 1.2d_*^2} - 5)^{1.5} \tag{2-27}$$

$$d_* = (\Delta g/\nu^2)^{1/3}d$$

式中，g 为重力加速度；ν 为运动黏滞系数；d 为泥沙粒径。

2.2.3　控制方程的解

式(2-9)、式(2-17)、式(2-24)和式(2-25)构成了基于有限掺混长度概念的悬沙浓度分布模型。只考虑泰勒展开式的前两项，可得描述含沙量垂线分布的方程为

$$\frac{l_c^2}{24}\frac{d^3c}{dz^3} + \frac{dc}{dz} + \frac{\omega_s}{1.27u_{*c}}\frac{e^{(z/h)}}{l_c}c = 0 \tag{2-28}$$

由于式(2-28)没有解析解，并且数值解易出现不稳定现象，Teakle 建议采用局部均匀近似法进行求解[134]，即假设在局部区域水流为均匀紊流，采用均匀紊流的扩散系数式(2-14)，分别用式(2-17)和式(2-24)计算 w_{mc}和 l_c，再根据式(2-5)利用数值积分进行求解。本书将局部均匀近似法所得结果作为方程式(2-28)的初解然后采用数值逼近法迭代获得式(2-28)的最终解。这样处理能够避免数值解的不稳定现象。从图 2-3 中稳定数值解与局部均匀近似法结果的比较可见，采用局部均匀近似法也能够获得足够的精度，因此，下面的计算将采用局部均匀近似法。

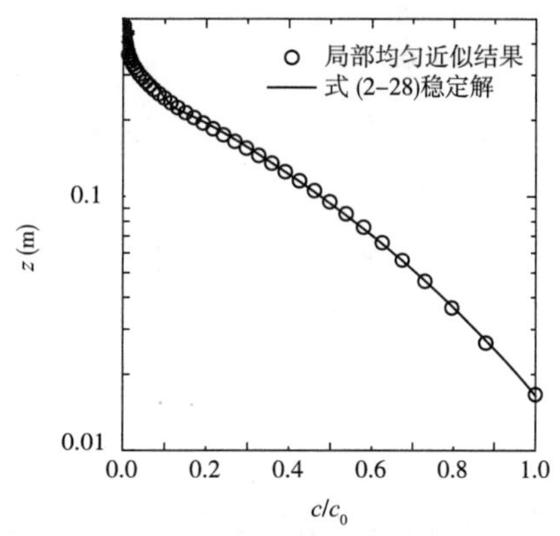

图 2-3　局部均匀近似法结果与稳定解的比较

2.2.4 泥沙粒径和浓度对泥沙掺混长度的影响

下面结合 Coleman[136]、Lyn[129]、Wang 和 Qian[137]以及周家俞[138]的泥沙实验资料定量分析泥沙粒径和浓度对泥沙掺混长度的影响,并验证本模型的合理性。实验基本参数见表 2-1。

实验基本参数　　表 2-1

组　次	u_* (m/s)	d (mm)	h (m)	κ
C-105[136]	0.041	0.105	0.169 ~ 0.173	0.230 ~ 0.340
C-210[136]	0.041	0.21	0.167 ~ 0.172	0.260 ~ 0.400
C-420[136]	0.041 ~ 0.045	0.42	0.167 ~ 0.174	0.341 ~ 0.280
L-150[129]	0.036	0.15	0.065	—
W-150[137]	0.0737 ~ 0.0741	0.15	0.08	—
Z-64[138]	0.033 ~ 0.0365	0.064	0.111 ~ 0.136	—

除 C-105 组次中的 9 组、W-150 和 L-150 组次中实验数据用于验证外,选取其余数据进行分析。选择合理的 κ_s 值,并以靠近床面的测量点浓度作为参考浓度,利用局部均匀近似法计算泥沙浓度垂线分布。从计算结果和测量值的比较来看,两者吻合较好,除去 κ_s 取值的因素,至少说明该模型能够反映泥沙浓度垂线分布特征(图 2-4)。因此,进一步分析 κ_s 取值的规律是模型能够应用到实践中的关键。

图 2-5 显示了泥沙掺混长度系数 κ_s 与水深平均浓度的关系。可见,在实验范围内,泥沙粒径相同情况下,泥沙掺混长度系数 κ_s 与水深平均浓度 C_{mean} 的对数值呈线性关系,平均含沙量越大,掺混长度越小。当泥沙浓度足够低时,可认为泥沙的存在对水流结构没有影响,即 $\kappa = 0.4$。此时,按照前面描述的情况,由于泥沙颗粒比水重,泥沙掺混长度应该大于水体掺混长度,即 $\kappa_s > 0.4$。从图2-5趋势线的外推来看,低浓度时泥沙掺混长度系数均大于 0.4,并且同浓度时泥沙粒径越大,κ_s 也越大,这与前面的推论是一致的。

将水深平均浓度为 0.001kg/m^3 时的 κ_s 记为 $\kappa_{s.001}$,并认为 $\kappa_{s.001}$ 仅与泥沙粒径相关(图 2-6),则两者关系可近似表示为

$$\kappa_{s.001} = 0.17152 + 0.0042d \qquad 64\mu m \leqslant d \leqslant 420\mu m \tag{2-29}$$

式中,d 为泥沙粒径,单位取为 μm。泥沙粒径越小越容易悬浮,随水体运动性也越好,$\kappa_{s.001}$ 也越接近卡门常数。

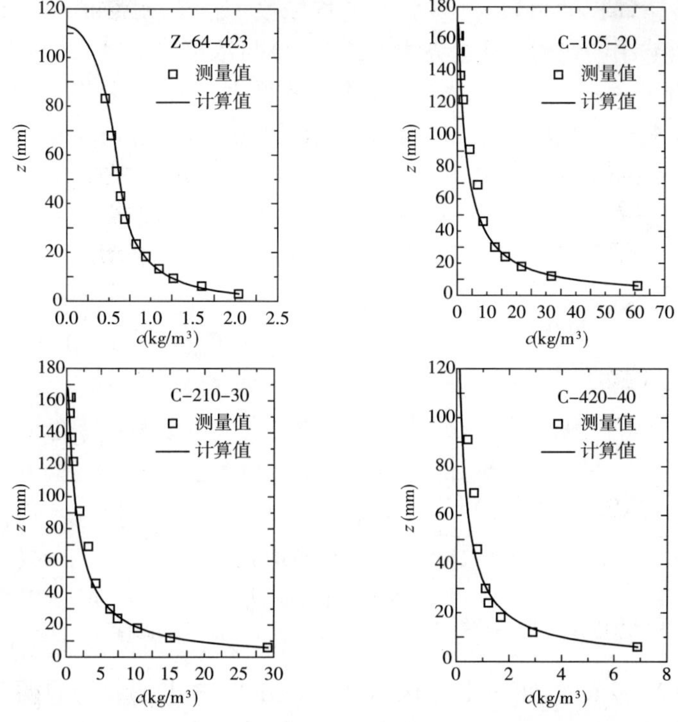

图 2-4　计算值和测量值的比较

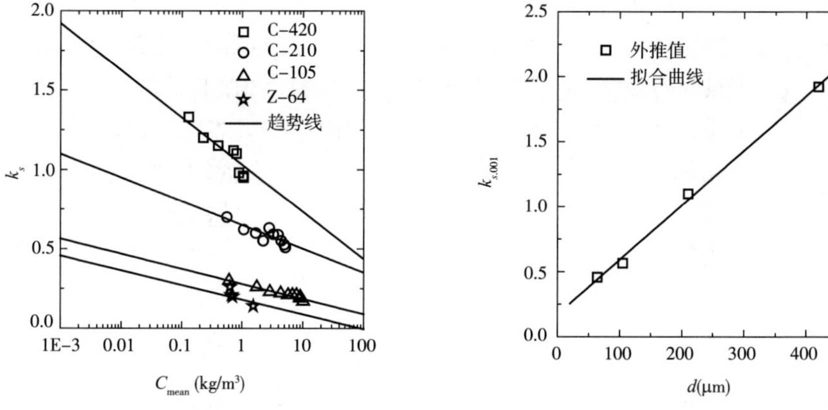

图 2-5　泥沙掺混长度系数和水深平均浓度的关系

图 2-6　掺混长度系数和泥沙粒径的关系。$\kappa_{s,001}$ 表示泥沙水深平均浓度为 0.001kg/m^3 时的泥沙掺混长度系数

由于泥沙掺混长度系数 κ_s 与水深平均浓度 C_{mean} 的对数值呈线性关系，则 κ_s 随浓度增大而减小的快慢（即趋势线的斜率 a）与浓度本身无关，仅与泥沙自身特性（即粒径）有关。泥沙粒径越大，随着浓度的增大，泥沙掺混长度减小的也越快。趋势线斜率与泥沙粒径的关系如图 2-7 所示，可表示为

$$a = -0.0153 - 4.67 \times 10^{-4} d + 1.98 \times 10^{-6} d^2 - 3.63 \times 10^{-9} d^3 \quad (2\text{-}30)$$

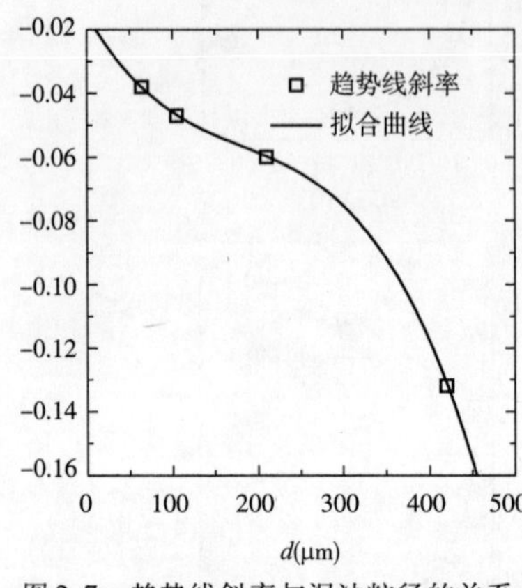

图 2-7　趋势线斜率与泥沙粒径的关系

式中，d 为泥沙粒径，单位也取为 μm。根据式(2-29)和式(2-30)可得泥沙掺混长度系数 κ_s

$$\kappa_s = a[\ln(C_{mean}) - \ln(0.001)] + \kappa_{s.001} \quad (2\text{-}31)$$

综上所述，式(2-5)、式(2-14)、式(2-17)、式(2-24)、式(2-28)、式(2-25)和式(2-31)构成了完整的悬沙分布模型。除特别说明外，模型中变量均取国际单位。由于式(2-31)中包含的水深平均浓度 C_{mean} 未知，所以需要试算。不妨先用局部均匀近似法以 $\kappa_s = 0.4$ 计算出浓度分布和水深平均浓度，然后根据该水深平均浓度由式(2-31)计算 κ_s，再次用局部均匀近似法计算浓度分布，如此迭代循环，直到浓度分布收敛。

下面采用前面分析中没有用到的 Lyn[129]、Wang 和 Qian[137] 实验数据对该模型进行简单验证。图 2-8 为模型计算结果和测量值的比较，结果显示该模型能够较精确地给出泥沙浓度垂线分布。另外，式(2-29)～式(2-31)的适用范围依赖于现有的实验数据，其在更大范围的适用性有待进一步验证和研究。

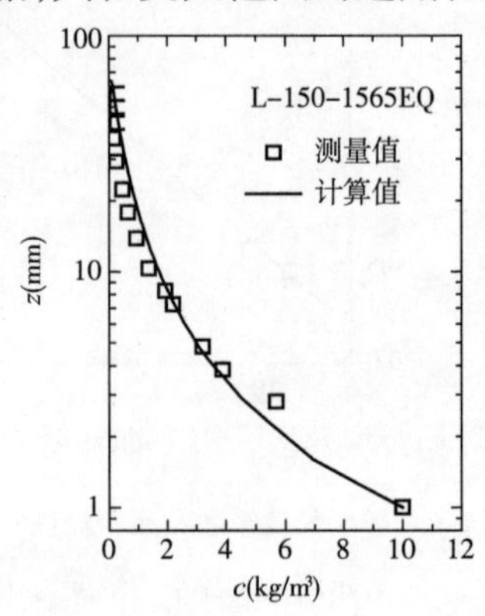

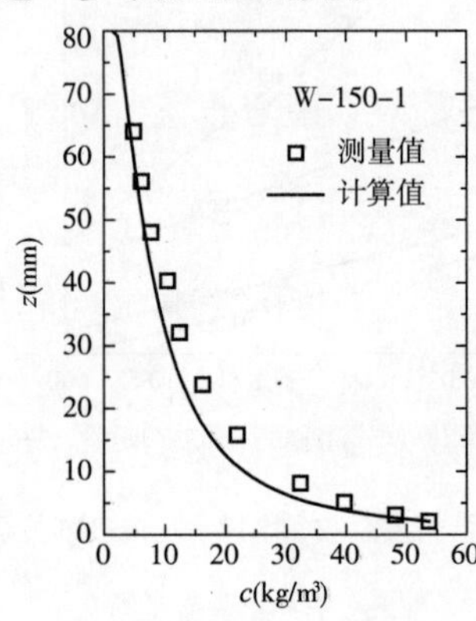

图 2-8　模型验证

假设泥沙扩散系数等于清水紊流的动量交换系数，即泥沙扩散系数在垂向上呈抛物线形式分布，则根据扩散方程式(2-4)可得著名的 Rouse 公式[23]。Rouse 公式在应用上获得了巨大成功，但也存在缺点。基于有限掺混长度概念的悬沙分布模型克服了传统模型中的一些不足，与 Rouse 公式计算结果比较，表观扩散系数能够更为真实地反映了泥沙的扩散能力(图 2-9)。

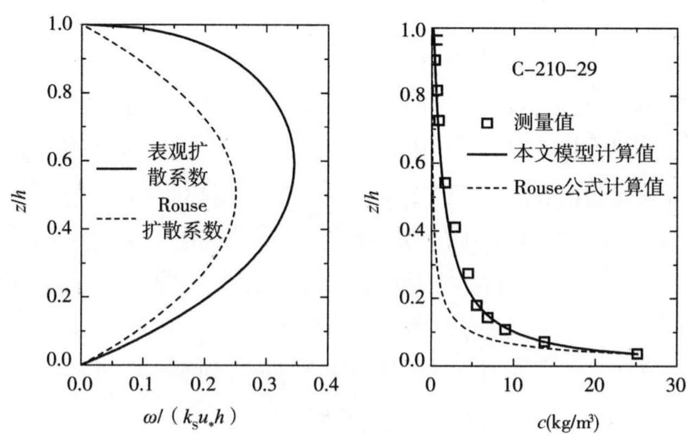

图 2-9　扩散系数及悬沙分布的比较

2.3 本章小结

本章首先对 Nielsen 和 Teakle 新近提出的有限掺混长度理论进行了系统介绍，然后基于该理论对单向水流中的悬沙浓度分布进行了研究。模型建立过程中，着重描述和分析了紊动漩涡与掺混长度之间的关系，根据研究对象的不同，借鉴两相流研究中的思路，对水流和泥沙分别定义水流掺混长度系数和泥沙掺混长度系数，推导出同时满足紊流相似假说和掺混长度理论的掺混长度分布公式，克服了以往掺混长度公式虽然源于紊流相似假说和掺混长度理论，但引进某些假设后导出的表达式不能完全满足这两种理论的不足；根据所建立的模型，分析了泥沙粒径和泥沙浓度对泥沙掺混长度的影响，并给出了修正泥沙掺混长度的相关系数的表达式。模型计算值与实验测量值的比较表明，该模型能够合理地反映单向水流中悬沙浓度的分布规律。本章工作为后面进一步研究波浪及波流共同作用下悬移质含沙量分布规律奠定了基础。

第3章　波浪及波流共同作用下悬移质含沙量的分布

在海岸地区,波浪往往对海岸泥沙运动起着关键作用。从波浪进入浅水,开始“触底”的时候起,海床上的泥沙即开始受到波浪底部切应力的作用。随着水深减小,波浪底部切应力的作用越来越大,泥沙运动越来越显著。在海滩坡度比较陡的情况下,波浪在浅水区发生破碎后,卷破波形成的漩涡或紊动还可能直接作用于床面泥沙,造成更为剧烈的泥沙运动。因此,准确描述波浪以及波浪和潮流共同作用下的悬移质含沙量分布对掌握海岸泥沙运动规律具有重要意义。粉沙质海岸岸滩比较平缓,通常波浪破碎对泥沙的作用并不强烈,因此本章有关波浪及波流共同作用下悬移质含沙量分布的研究暂未包括破碎波的作用。

3.1　波浪作用下悬移质含沙量的分布

与单向水流运动情况相比,波浪有其独特的运动特性[125]:

(1)波浪是非恒定的。

(2)与单向水流相比,单向水流中边界层能够得到充分发展,在全部水深上都存在黏性剪切应力(层流情况)或紊流剪切应力(紊流情况),水流流速沿深度方向的分布都受这种剪切应力的控制。对于周期性的振荡波浪水流,水流在较短的时间内正负交变,边界层得不到充分发展,只有在床面附近较薄的一层受到床面影响而存在剪切应力,形成近底边界层。超出此层以后的水流受壁面的影响可以忽略不计,剪切应力接近为零,因此可以作为无旋运动来对待,流速场可用势流函数来描述。为此,有关波浪作用下悬移质含沙量分布的研究,也应充分考虑上述波浪运动规律。

3.1.1　模型的建立

波浪作用下的泥沙起悬是由近床面波浪边界层的紊动作用造成的。根据床面条件的不同,紊动作用可以划分为两种形式:当床面出现沙纹时,悬沙是由沙纹背面形成的漩涡携带泥沙以泥沙云的形式周期性跃起而产生;当波浪强度较大,沙纹

消失，床面产生层移运动时，床面有一薄层产生高强度输沙，泥沙则以猝发的形式跃起。不论是泥沙云还是猝发体，实质上都是携带泥沙的漩涡，只是不同条件下漩涡的产生方式不同而已，在数学模型中常表现为摩阻系数的不同。沙纹床面上的摩擦阻力除了表面摩阻外，还增加了形状阻力。这些挟沙漩涡一经脱离床面便开始形成泥沙的扩散，其自身的强度也开始减弱，这使床面边界层附近的水体含有大量泥沙。

如上所述，由于波浪运动的短周期往复流性质，波浪边界层得不到充分发展，紊动强度随高度的增加衰减很快，以致在边界层外可以忽略紊动的影响，直接采用势流理论来描述波浪水流的速度场。而泥沙浓度的衰减并没有紊动强度衰减那么快，甚至整个水体都会有泥沙存在。这说明，在紊动强度很弱的上部水体存在另外一种动力因素支持泥沙悬浮。Kennedy 和 Locher(1972)认为在上部水体波浪水质点的轨迹运动是支持泥沙悬浮的主要动力因素[43]。Kos'yan(1985)将波浪作用下泥沙悬浮的因素划分为三类：边界层中产生的紊动、垂向速度梯度产生的紊动和水质点垂向轨迹运动[44]。其中，边界层中产生的紊动随床面粗糙度的增加而增大，超出边界层范围后衰减很快；垂向速度梯度产生的紊动在整个水深都很小，可以忽略；水质点垂向轨迹运动在上部水体作用明显，在近床面范围内作用很小。下面在这些研究的基础上，根据控制泥沙悬浮因素的变化规律建立波浪作用下悬移质时均浓度垂向分布模型。

3.1.1.1 边界层内

与单向水流作用下相同，依据有限掺混长度理论建立模型的关键是合理确定掺混速度 w_{mw} 和掺混长度 l_w（下角标 w 表示波浪条件）。依据 Nezu 和 Nakagawa[128] 的研究，Nielsen 和 Teakle[15] 认为波浪作用下的掺混速度可表示为

$$w_{mw}(z) = w_{mw}(z'_0)\exp\left(-\frac{z - z'_0}{L_w}\right) \tag{3-1}$$

式中，z'_0 为床面（或沙纹峰顶）上的某一微小高度；L_w 为掺混速度分布尺度。Absi[46] 建议掺混速度分布尺度等于边界层厚度 δ_w，$w_{mw}(z'_0)$ 与波浪摩阻流速 u_{*w} 成正比，即 $w_{mw}(z'_0) = \gamma u_{*w}$。为了与单向水流中公式一致，按照 Absi 的建议[46]可将掺混速度近似表示为

$$w_m(z) = \gamma u_{*w}\exp\left(-\frac{z}{\delta_w}\right) \qquad 0 \leqslant z \leqslant \delta_w \tag{3-2}$$

式中，γ 根据 Nielsen 和 Teakle[15] 的研究取为 0.4。本文根据 You[139] 等的公式确定边界层厚度为

$$\delta_w = \frac{2\kappa u_{*w}}{\omega} \tag{3-3}$$

式中，$\omega = 2\pi/T$ 为角速度；T 为波浪周期。

摩阻流速的表达式为

$$u_{*w} = (0.5 f_w u_w^2)^{0.5} \tag{3-4}$$

式中，u_w 为底部水质点轨迹运动最大速度；f_w 为波浪摩阻系数，采用 Swart 公式[125]计算

$$f_w = \exp[5.213(2.5k_s/A)^{0.194} - 5.977] \tag{3-5}$$

式中，$A = u_w/\omega$ 为底部水质点轨迹运动振幅；k_s 为床面粗糙度。Swart 公式仅适用于边界层为粗糙紊流的情况，本书以后所采用的实验或现场数据大部分满足 Swart 公式的应用范围，少量数据虽不完全满足其应用范围，但也在粗糙紊流过渡区且接近粗糙紊流区，因此我们均采用 Swart 公式近似计算 f_w。

边界层内的掺混长度为

$$l_w(z) = \lambda' z \qquad 0 \leqslant z \leqslant \delta_w \tag{3-6}$$

式中，λ' 为系数，Nielsen 和 Teakle[15] 以及 Absi[46] 建议取为 1。

3.1.1.2 上部水体

在远离床面的上部水体，紊动作用基本消失，波浪水质点垂向运动成为悬浮泥沙的主要因素。当水质点垂向速度分量方向向上且大小超过泥沙颗粒沉降速度时，水体能够带动泥沙向上运动；当水质点垂向速度方向转为向下时，则加速泥沙的沉降。从时间平均的角度来看，向下运动的泥沙总量不可能超过向上运动的泥沙总量。因此，与紊动扩散一样，将存在一个向上的泥沙净通量。该净通量由泥沙重力所平衡。根据水质点运动轨迹特性，认为掺混长度与椭圆轨迹的垂向半径成比例，即

$$l_w(z) = \lambda \int_0^{T/4} w \mathrm{d}t = \lambda \frac{H}{2} \frac{\sinh(kz)}{\sinh(kh)} \tag{3-7}$$

式中，H 为波高；k 为波数；λ 为系数，需根据实验来确定。

掺混速度定义为轨迹速度垂向分量的均方根值，即

$$w_{mw}(z) = \left(\frac{1}{T}\int_0^T w^2 \mathrm{d}t\right)^{\frac{1}{2}} = \frac{\pi H}{\sqrt{2}T} \frac{\sinh(kz)}{\sinh(kh)} \tag{3-8}$$

3.1.1.3 过渡层

如前所述，水体紊动在边界层外很快衰减，而泥沙浓度并没有这么剧烈的衰减变化，并且离边界层不远的范围内，水质点的垂向速度还比较小，不足以维持如此

多的泥沙悬浮，因此在上部水体与边界层间必然存在一个过渡层，紊动对泥沙的作用在边界层外逐渐衰减，泥沙悬浮的因素由水流紊动逐渐过渡到水质点轨迹运动。考虑到依据现有实验数据难以精确确定过渡层范围和过渡方式，本文初步假设过渡层的上边界为 1/3 水深位置，掺混长度和掺混速度为线性过渡。

考虑边界条件

$$w_{mw}(\delta_w) = \gamma u_{*w}\exp(-1) \tag{3-9}$$

$$w_{mw}(\delta_m) = \frac{\pi H}{\sqrt{2}T}\frac{\sinh(k\delta_m)}{\sinh(kh)} \tag{3-10}$$

$$l_w(\delta_w) = \lambda'\delta_w \tag{3-11}$$

$$l_w(\delta_m) = \lambda\frac{H}{2}\frac{\sinh(k\delta_m)}{\sinh(kh)} \tag{3-12}$$

可得过渡层掺混速度和掺混长度为

$$w_{mw}(z) = \frac{z-\delta_w}{\delta_m-\delta_w}w_{mw}(\delta_m) + \frac{\delta_m-z}{\delta_m-\delta_w}w_{mw}(\delta_w) \qquad \delta_w \leqslant z \leqslant \delta_m \tag{3-13}$$

$$l_w(z) = \frac{z-\delta_w}{\delta_m-\delta_w}l_w(\delta_m) + \frac{\delta_m-z}{\delta_m-\delta_w}l_w(\delta_w) \qquad \delta_w \leqslant z \leqslant \delta_m \tag{3-14}$$

式中，$\delta_m = h/3$ 为过渡层上边界（或称为上部水体下边界）。

3.1.2　与实验结果的比较

式(2-9)、式(3-2)、式(3-6)、式(3-7)、式(3-8)、式(3-13)和式(3-14)构成了波浪作用下悬沙时均浓度分布模型。和单向水流中模型相同，可采用局部均匀近似法进行求解。下面与 Graaff(1988)的 C 系列[140]、Thorne 和 Williams(2002)[38]、赵冲久(2003)的 A－F[5]组实验结果进行比较，对模型的预测能力进行检验。将最靠近床面的测量值作为参考浓度。实验条件见表 3-1。

波浪悬沙实验基本参数　　　　表 3-1

项　　目	实验组数	水深 h(m)	波浪周期 T(s)	波高 H(m)	代表粒径 (mm)	λ
Graaff(1988)[140]	39	0.3	1.7/2.3	0.04～0.14	0.079～0.352	0.22～4
Thorne &Williams (2002)[38]	11	4.5	4.92～5.1	0.617～1.299	0.25	0.4～2.5
赵冲久(2003)[5]	6	0.16/ 0.25	0.9～1.3	0.058～0.089	0.06	0.4～1.1

3.1.2.1 Graaff 的系列实验

Graaff(1988)对波浪作用下泥沙运动进行了系列实验研究,其中编号为C的实验采用规则波,在人工沙纹床面上进行。人工床面上铺均匀沙,铺沙量保证不形成新的沙纹,影响原有的床面形状。这样能够确保所有实验中床面粗糙度相同。C系列实验共分6组,C1~C6,分别对应6种不同的波浪条件(表3-2)。每组实验采用4~8种不同粒径的均匀沙,静水深都保持在0.3m。

C 系列实验条件 表 3-2

组 次	波高(m)	周期(s)	水深(m)	沙纹高度(m)	沙纹长度(m)
C1	0.04	1.7	0.3	0.02	0.08
C2	0.06	1.7	0.3	0.02	0.08
C3	0.12	1.7	0.3	0.02	0.08
C4	0.04	2.3	0.3	0.02	0.08
C5	0.07	2.3	0.3	0.02	0.08
C6	0.24	2.3	0.3	0.02	0.08

模型计算值与实验测量值的比较见图3-1和图3-2。因为采用人工沙纹床面,床面粗糙度较大,波浪边界层约占整个水深的1/10。从图中可见,表观扩散系数在过渡层内有明显减小的趋势,这说明在当前波浪条件下,在该位置处波浪水质点轨迹运动不能完全弥补紊动衰减造成的水体掺混能力的下降。除去 λ 取值的因素,至少说明该模型能够反映泥沙浓度垂线分布特征。

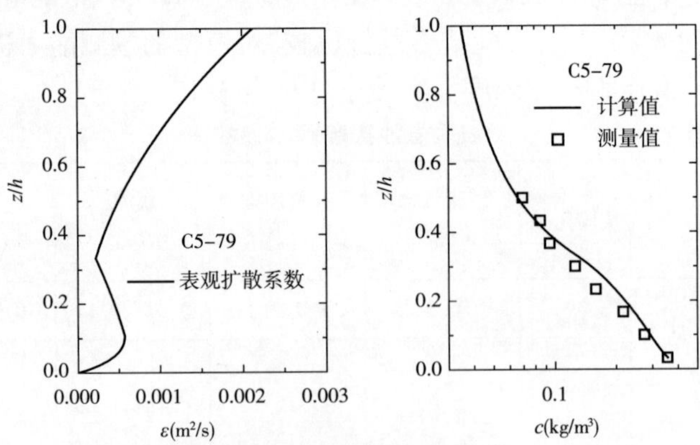

图3-1 模型计算结果与实测值的比较(C5-79:λ=1.0)

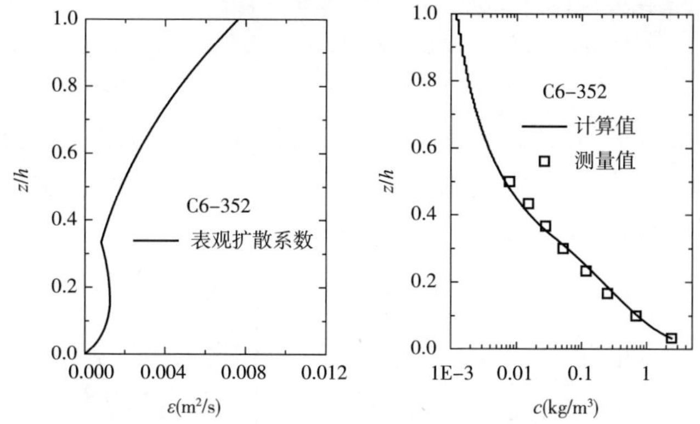

图 3-2 模型计算结果与实测值的比较(C6-352:λ =0.9)

3.1.2.2 Thorne 和 Williams 大尺度水槽实验

Thorne 和 Williams(2002)在长×宽×高 = 230m×5m×7m 的大尺度波浪水槽内进行了悬沙实验。该水槽能够提供与实际海况相当的波浪条件,为在自然条件下验证模型的可靠性提供了资料。实验保持静水深约为 4.5m。由于采用非均匀沙,悬沙呈现明显的分选特性。这里选取 d_{35} = 0.25mm 为代表粒径进行计算。计算结果与实测值的比较见图 3-3 和图 3-4。比较结果显示,本模型能够合理地描述大尺度波浪条件下的悬沙浓度分布。

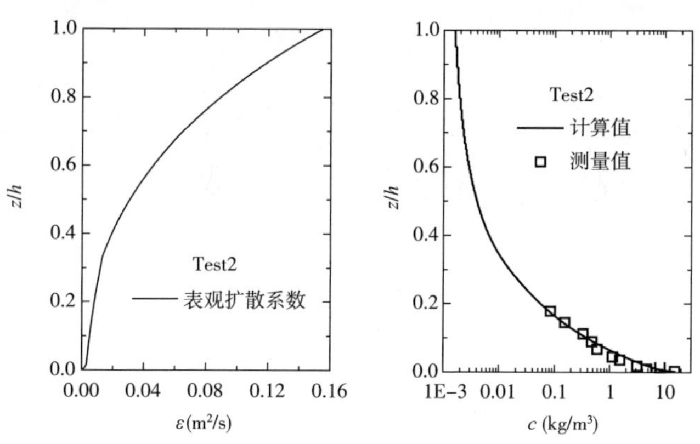

图 3-3 模型计算结果与实测值的比较(Test2:λ =0.6)

3.1.2.3 赵冲久粉沙实验

为了验证本文建立的模型能否适用于粉沙,我们采用赵冲久(2003)的粉沙实验进行对比。该粉沙实验的水槽尺寸和波浪条件与 Graaff 实验相似。不同点主要有两方面：一方面本实验采用天然的非均匀粉沙，另一方面本实验为动床实验。静水深为0.16m或0.25m，波高为5.8～8.9cm。这里仅对潍坊粉沙实验进行比较。模型计算采用$d_{35}=0.06$mm为代表粒径。计算结果与实测值的比较见图3-5和图3-6。从比较结果可见，在浓度不是特别高时，本模型对粉沙也有较好的估计。需要指出的是，由于实验测量手段的限制，该实验泥沙浓度的最低测量点一般在过渡层内而不在边界层内。

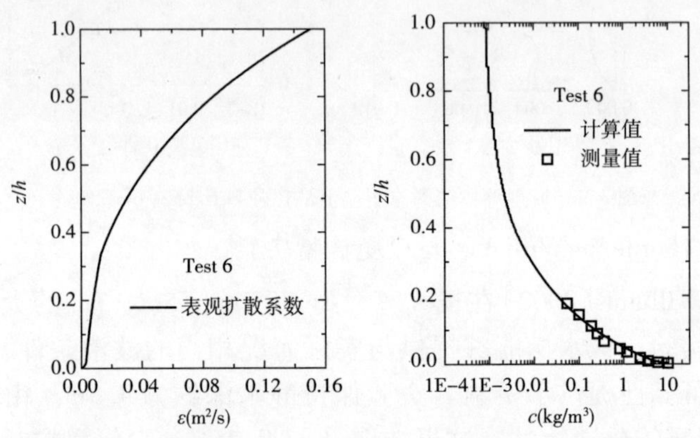

图3-4　模型计算结果与实测值的比较（Test6：$\lambda=0.9$）

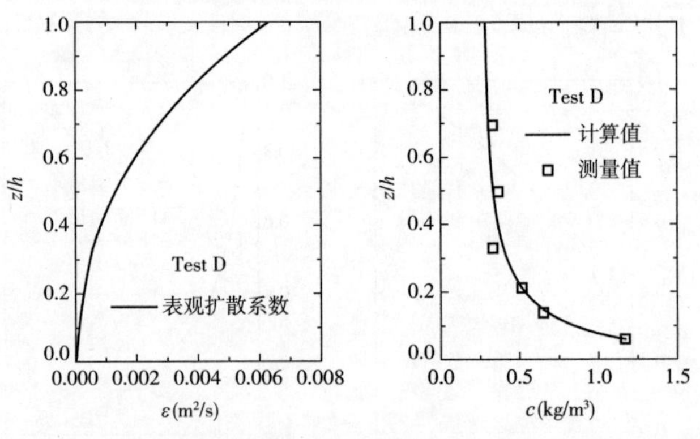

图3-5　模型计算结果与实测值的比较（TestD：$\lambda=0.75$）

3.1.3　关于λ的讨论

上一节对模型计算结果与实验结果进行了比较，初步证明了本文建立的模型能够较好地反映波浪作用下泥沙的悬浮规律。模型中掺混长度公式的系数λ采用的是最优值。该系数的取值决定了模型能否正确反映过渡层和上部水体的泥沙分布。本节对该系数的取值做进一步分析。

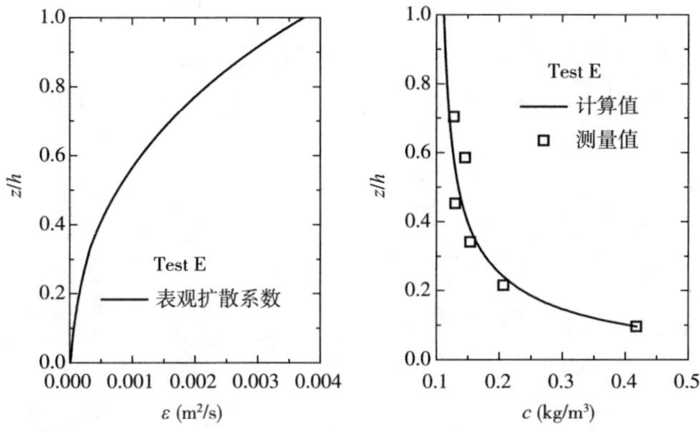

图 3-6　模型计算结果与实测值的比较(TestE:λ =0.7)

由表 3-2 可知,Graaff 实验中 C1 ~ C3 组次波浪周期为 1.7s,波高从 4cm 增加到 12cm。从图 3-7 可见,λ 值随波高的增大而减小,并且 λ 的变化幅度也随波高的增大而明显减小。C4 ~ C6 组次波浪周期为 2.3s,波高从 4cm 增加到 14cm。图 3-8 显示出与图 3-7 相同的规律。

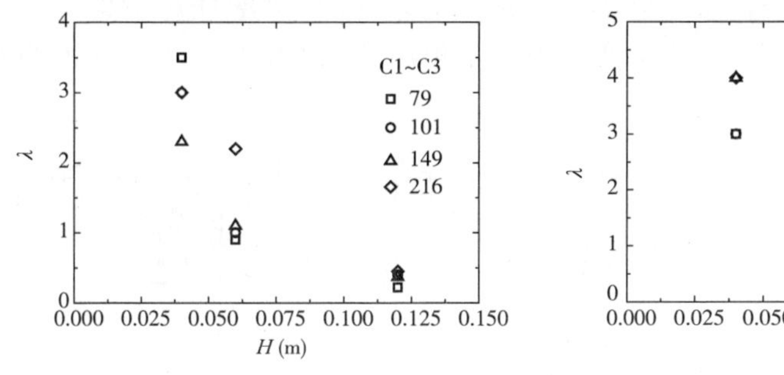

图 3-7　系数 λ 随波高变化图(C1 ~ C3)　　图 3-8　系数 λ 随波高变化图(C4 ~ C6)

从系数 λ 与泥沙粒径的关系可见,泥沙粒径对 λ 没有明显的影响(图 3-9)。当波浪强度较大时(如 C3 和 C6),λ 几乎不随泥沙粒径变化。在波浪强度较弱时(如 C1 和 C4),虽然泥沙粒径不同 λ 也不同,但是并没有任何规律性。其原因可能是波浪强度弱时泥沙浓度较低,测量值不精确所致,也可能是 λ 在低浓度条件下对泥沙颗粒大小比较敏感。因此,可初步认为系数 λ 与泥沙粒径无关。

由上面的分析可知,系数 λ 主要与波浪条件相关,即随波浪强度增大而减小。

图 3-10 显示了 λ 与无量纲系数 $U_d/(gT)$ 的关系，可由式(3-15)确定 λ。

$$\lambda = 0.6 + 11.01\exp\left(-251\frac{U_d}{gT}\right) \tag{3-15}$$

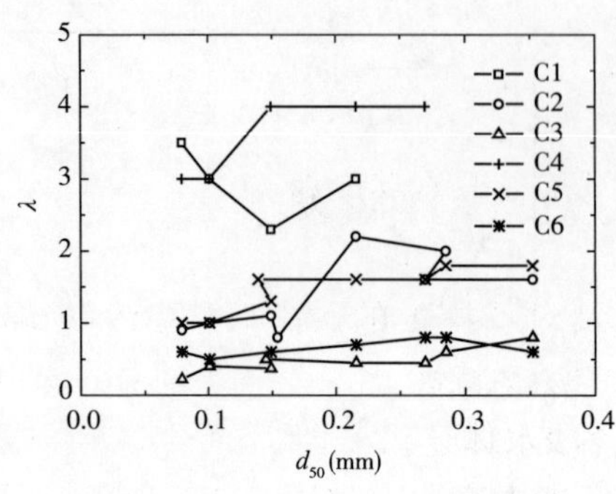

图 3-9　系数 λ 与泥沙粒径的关系

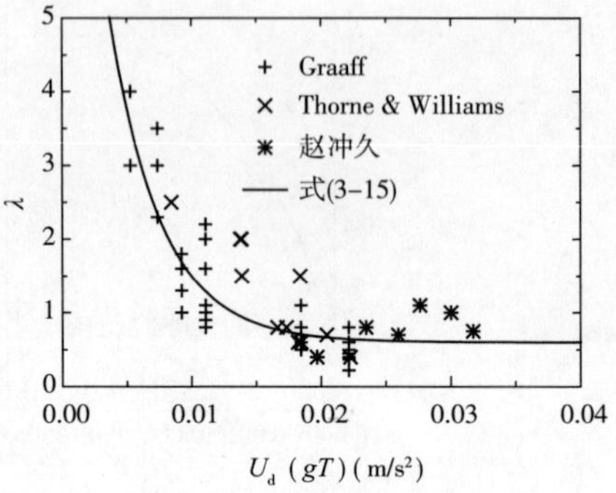

图 3-10　系数 λ 与 $U_d/(gT)$ 的关系

式中，g 为重力加速度；U_d 为静水面上波浪水质点水平速度振幅。

$$u_d = \frac{\pi H}{T}\coth(kh) \tag{3-16}$$

结合式(3-15)，模型计算结果与测量值的比较见图 3-11。表 3-3 列出了 λ 的计算值与最优值。当 λ 计算值与最优值有较大的偏差时，浓度计算结果与实测值的偏差并不大。这说明本模型对 λ 的取值不是很敏感，利用式(3-15)基本能够得到较好的预测结果。

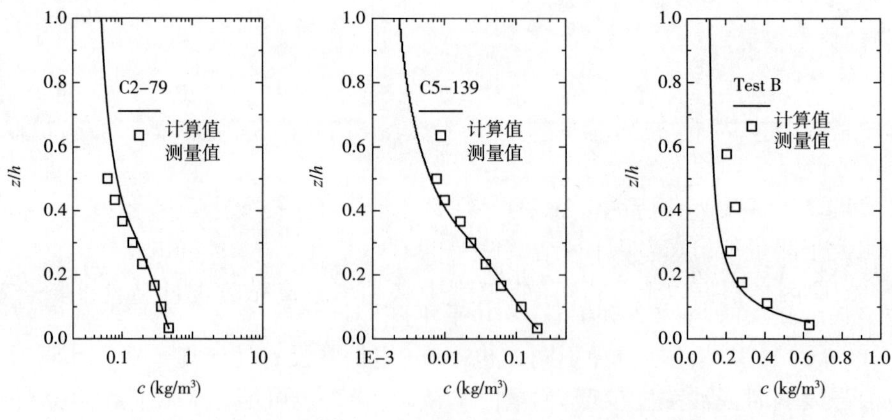

图 3-11　采用式(3-15)的模型计算结果与测量值的比较

λ计算值与最优值比较　　表3-3

λ	C2-79	C5-139	TestB
计算值	1.29	1.69	0.61
最优值	0.9	1.85	1.0

3.2　底部高浓度含沙水体研究

前面模型的建立、与实验结果的比较以及对系数 λ 的讨论都是在浓度比较低的前提下进行的,并未考虑泥沙在高浓度时的运动特性,如高浓度泥沙对紊动的抑制作用、浓度分层现象等。目前,对高浓度含沙水体还没有明确的定义,通常泥沙粒径越小,越容易表现出高浓度特性。如果不考虑高浓度时的泥沙特性,则计算结果将远远大于实测值。以黄骅粉沙实验为例,未考虑高浓度泥沙特性的计算结果与测量值的比较见图3-12。计算值1中 λ 按照式(3-15)计算,取为0.61,中值粒径采用床面泥沙中值粒径0.036mm;由于该实验并未对悬沙粒径进行分析,计算值2考虑到可能出现明显的泥沙分选现象,取0.06mm作为代表粒径进行计算;因为测量的最低点在过渡层,而不在边界层,计算结果可能会受到 λ 取值的影响,于是计算值3将 λ 减小为0.1,代表粒径仍然采用0.06mm进行计算。由图3-12可见,三种计算结果与测量值比较,在底部都明显偏大。计算值1偏离测量值最为明显;计算值2虽然较计算值1小很多,但仍然远远偏离测量值,这说明计算结果偏大不是泥沙分选的原因;计算值3虽然在上部较为接近测量值,但是在底部也明显偏大于测量值,这说明计算结果偏大也不是 λ 取值的原因。根据以上分析可知,模型中必须考虑高浓度泥沙特性才更合理地反映实际现象。

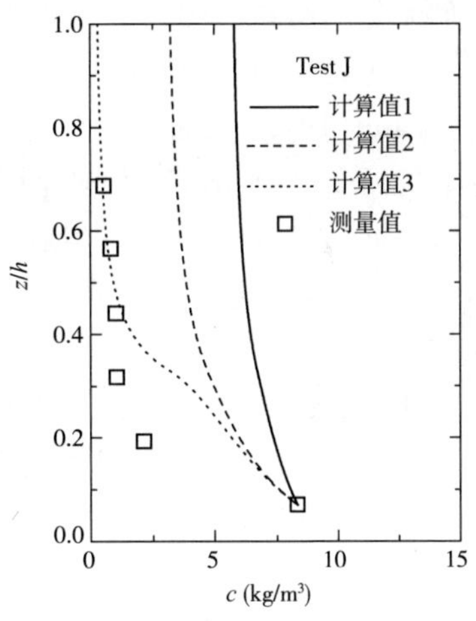

图3-12　模型计算结果与黄骅粉沙实验测量值的比较

3.2.1　高浓度含沙水体特性

一般认为,悬移质的存在抑制紊动的产生[11,141,142]。但究竟是使紊动的强度减弱,还是使紊动的尺度减小,或者是两者都减小,一直没有统一的结论[10]。文献[10]指出:“用于悬移泥沙的能量(即悬浮功)取自紊动动能,而后者是由有效势能转化而来。一般情况下,悬浮功不过占有效势能的4% ~5%或者更小;即使在高含沙条件下,由于泥沙沉降速度因黏性增加而大幅减小,这个比值也不超过10%。正是因为悬浮功只占有效势能很小的一部分,所以一般情况下,悬移质对水流紊动的影响不易察觉。”通常,认为紊动强度减弱的原因可能有以下两方面:

(1)当存在推移质泥沙特别是当运动比较强烈时,水流的势能不再是全部通过流体间的剪切力传递到边界以产生紊动漩涡,而是有一部分势能通过颗粒间碰撞而产生的剪切力传递到边界。通过颗粒剪应力传递到边界的这部分势能不直接产生紊动,因而导致产生紊动的有效势能减少,这样可能导致紊动强度的减弱。由于在粉沙以及更细的黏性泥沙为主要组成的床面上,使泥沙颗粒起动的力也基本能使其悬浮,基本不存在推移质,所以细颗粒泥沙在该方面对紊动强度没有明显的影响。

(2)挟沙水流比清水黏性大,这可能使小尺度紊动强度减弱,从而使总的紊动强度减弱。相同的水动力条件下,细颗粒泥沙比粗颗粒泥沙更多地被悬浮,这使得水体黏性更为增大,从这方面讲,细颗粒泥沙较粗颗粒泥沙对紊动的抑制更强烈。

Yalin(1972)认为,悬移质遏制紊动主要是使紊动尺度减小,并指出因悬移质的存在而引起的流速梯度的增加与掺混长度的减少大体相当[127]。日野幹雄(1963)通过理论分析,也得到过泥沙的存在使漩涡平均尺度减小的结论[126]。Kovacs(1998)认为掺混长度的减少量与泥沙体积浓度的立方根成正比,泥沙浓度越高,掺混长度越小[143]。

以上研究都是针对明渠水流进行的,反映了泥沙的存在对水流紊动结构影响的一般特性。对于泥沙如何影响波浪边界层附近紊动结构的研究还比较少。最近,Lamb等在振荡流水槽中对粉沙高浓度水体特性进行实验研究,测量了紊动强度和悬沙浓度[71,72]。该实验为进一步揭示悬移质对水流紊动结构的影响提供了实验依据。下面,依据Lamb[71,72]等的实验,结合有限掺混长度理论对高浓度含沙水体做进一步分析。

3.2.1.1 清水紊动强度分布

Absi[144]根据Nezu和Nakagawa[128]对明渠水流紊动强度分布规律的研究认为,波浪作用下平衡状态时紊动强度依然遵循指数分布,并将紊动强度K表示为,

$$\sqrt{K} \approx u_{*w}\exp(-z/\delta_w) \tag{3-17}$$

下面根据Lamb等实验中清水实验数据检验该假设是否合理。分别对15组清水实

验的紊动强度数据用指数曲线进行拟合，然后外推得到 $z=0$ 处的紊动强度值 K_{max}。首先，比较 $\sqrt{K_{max}}$ 与采用式(3-4)计算得到的摩阻流速。由图 3-13 可见，$\sqrt{K_{max}}$ 与 u_{*w} 基本相等。这证明式(3-17)中以摩阻流速作为紊动强度尺度是合理的。以第 13 组清水实验为例，式(3-17)计算结果与测量值的比较见图 3-14。由图可见，在靠近床面 3cm 的区域内计算值与测量值吻合良好，在 3cm 以上区域，计算值明显小于测量值。Lamb 等的实验是在振荡流封闭水槽中进行的，水槽宽度仅为 20cm，近床面处紊动可能受到水槽侧壁影响相对较小，但在较高位置处的水流紊动将明显受到水槽两侧壁面影响，因此，实测值在上部区域比计算值偏大是正常的。

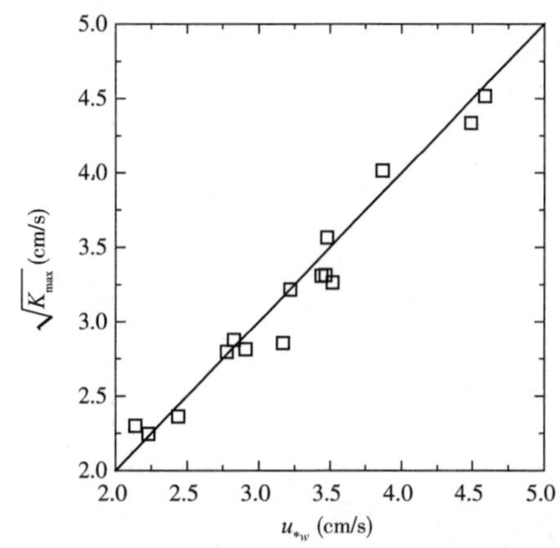

图 3-13　清水实验数据拟合值 $\sqrt{K_{max}}$ 和摩阻流速 u_{*w} 计算结果的比较

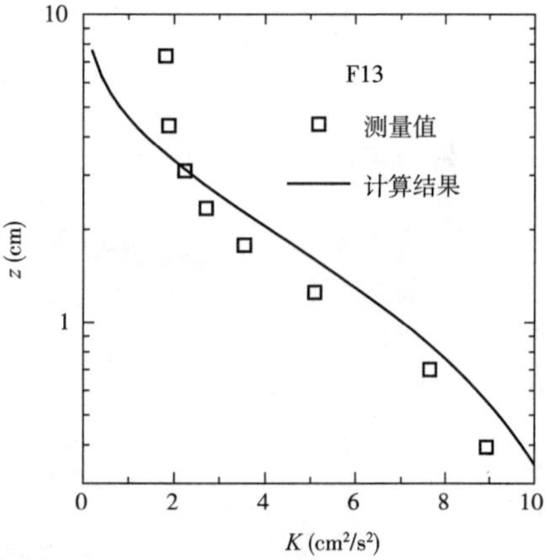

图 3-14　紊动强度计算结果与实测值的比较

假设水流或波浪沿 x 方向运动，紊动强度 K 在 x、y 和 z 方向的分量可分别表示为 $(\overline{u'^2})^{\frac{1}{2}}$、$(\overline{v'^2})^{\frac{1}{2}}$ 和 $(\overline{w'^2})^{\frac{1}{2}}$，则

$$K = \frac{1}{2}(\overline{u'^2} + \overline{v'^2} + \overline{w'^2}) \tag{3-18}$$

Nezu 和 Nakagawa[128] 以明渠流为研究对象，给出如下关系

$$(\overline{u'^2})^{\frac{1}{2}} = 2.30u_{*c}\exp(-z/h) \tag{3-19}$$

$$(\overline{v'^2})^{\frac{1}{2}} = 1.63u_{*c}\exp(-z/h) \tag{3-20}$$

$$(\overline{w'^2})^{\frac{1}{2}} = 1.27u_{*c}\exp(-z/h) \tag{3-21}$$

可见，三个方向的分量对紊动强度的贡献沿水深成固定比例

$$\overline{u'^2}/(2K) = 0.55 \tag{3-22}$$

$$\overline{v'^2}/(2K) = 0.28 \tag{3-23}$$

$$\overline{w'^2}/(2K) = 0.17 \tag{3-24}$$

贡献大小依次为$\overline{u'^2} > \overline{v'^2} > \overline{w'^2}$。

通过分析 Lamb 实验数据可知,波浪边界层中紊动强度分量沿水深也呈固定比例(图 3-15)。其比例关系为

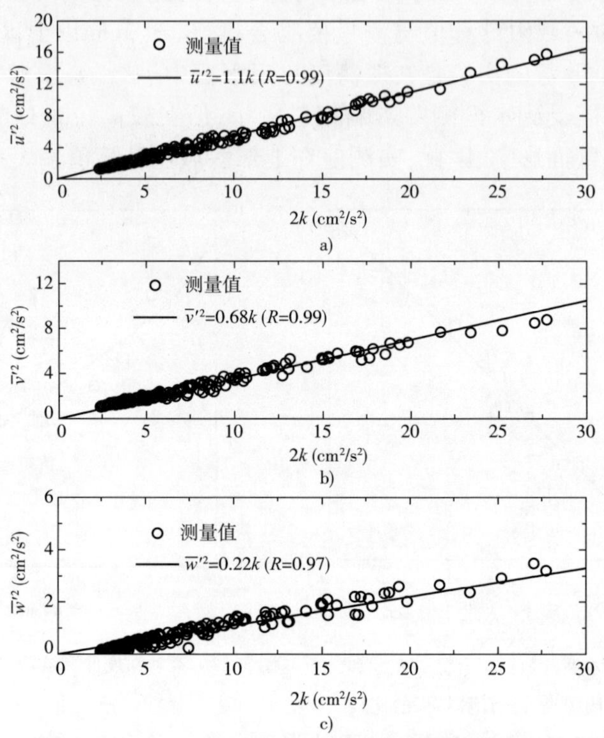

图 3-15　清水中紊动动能各方向分量与总紊动动能 K 的关系

$$\overline{u'^2}/(2K) = 0.55 \tag{3-25}$$

$$\overline{v'^2}/(2K) = 0.34 \tag{3-26}$$

$$\overline{w'^2}/(2K) = 0.11 \tag{3-27}$$

可见,波浪边界层中三个方向的分量对紊动强度的贡献大小与明渠流中相似。

3.2.1.2　高浓度含沙水体中紊动抑制现象

与上面分析方法相同,对 Lamb 等实验中 13 组有明显分层现象的高浓度水体的紊动强度进行分析。从 $\sqrt{K_{max}}$ 拟合结果和式(3-17)计算可以明显看出,拟合值明显小于计算得到的摩阻流速 u_{*w}(图 3-16)。这说明,较高浓度泥沙的存在对紊动强度的发展的确有明显的抑制作用。

3.2.1.3 高浓度含沙水体中紊动强度分布

高浓度含沙水体中紊动强度分布和水体中含沙量大小直接相关,因此如何确定高浓度层厚度是确定水流紊动抑制程度的首要问题。从实验现象来看,高浓度泥沙经常伴随着泥沙分层现象,即在高浓度泥沙层上部,泥沙浓度陡然变小,上下两层水体颜色差别明显(图3-17)。从运动形式上看,高浓度泥沙绝大部分属于悬移质。

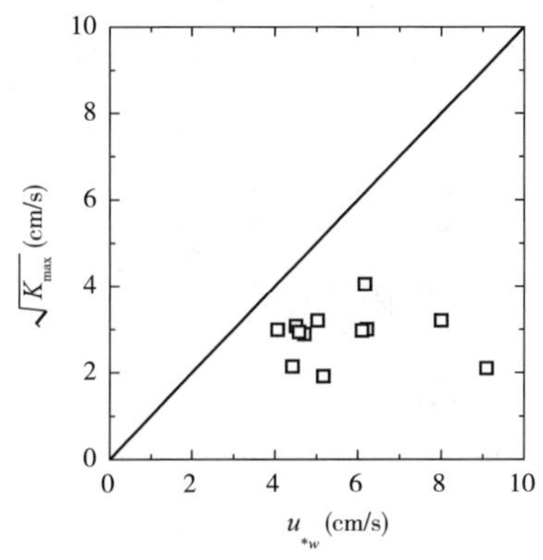

图3-16 波浪作用下挟沙水流中拟合值 $\sqrt{K_{max}}$ 和摩阻流速 u_{*w} 计算值的比较

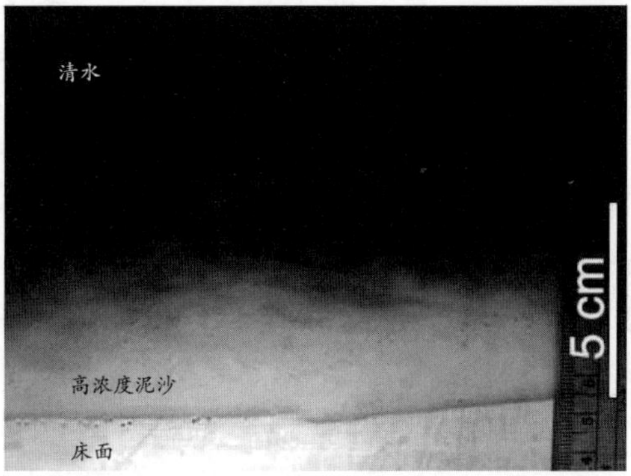

图3-17 Lamb等实验中的高浓度泥沙[71]

以往一些研究将高浓度泥沙水体厚度定义为泥沙浓度等于 10kg/m^3 处的高度 δ_{10}[145,146,147]

$$\delta_{10} = \{z \mid c(z) = 10\text{kg/m}^3\} \tag{3-28}$$

Lamb 和 Parsons[72]的分析表明,δ_{10}不能较好地反映高浓度层的实际高度。他们认为,泥沙浓度为 $0.1c_{bed}$处的高度能更合理的反映实际情况

$$\delta_{LP} = \{z \mid c(z) = 0.1c_{bed}, 0 \leqslant a \leqslant h\} \tag{3-29}$$

式中,c_{bed}为近床面泥沙浓度,取为测量最低点浓度值。此外,Traykovshi(2000)发现,高浓度层厚度跟边界层厚度相关[147]

$$\delta_T = A(f_w/8)^{\frac{1}{2}} \tag{3-30}$$

式中,f_w 为摩阻系数,采用 Grant 和 Madsen(1979)公式。Vinzon 和 Mehta(1998)根据能量平衡理论认为

$$\delta_{VM} = 0.65\left[\frac{(A^3 k_s)^{\frac{3}{2}}}{T^3 \dfrac{\rho_s - \rho_0}{\rho_0} g C_{mv} \omega_s}\right]^{\frac{1}{4}} \tag{3-31}$$

式中，ρ_s 为泥沙密度；C_{mv} 为平均的体积浓度。式(3-30)和式(3-31)同样不能反映高浓度层的实际高度[72]。

根据含高浓度悬沙在上部的泥沙浓度陡然变小的特点，本书认为，泥沙浓度垂线分布曲线曲率最大处，浓度变化最为明显，该位置到床面为高浓度泥沙层高度，即

$$\delta_H = \left\{ z \mid \max\left[\frac{c''(z)}{(1 + c'(z)^2)^{\frac{3}{2}}} \right], 0 \leqslant z \leqslant h \right\} \tag{3-32}$$

以分层现象最为明显的第 12 组挟沙实验为例，比较各种定义的高浓度层高度，可见 δ_H、δ_{VM} 和 δ_{LP} 比较接近，而本文定义 δ_H 在其他四种定义中间(图 3-18)。

从高浓度层内泥沙的平均浓度和相对摩阻流速(挟沙水流摩阻流速与清水摩阻流速的比值)的关系可见，平均浓度越大，相对摩阻流速越小，从而紊动强度也越小(图 3-19)。根据这些测量值可以给出高浓度水流中摩阻流速表达式为

$$u'_{*w} = u_{*w} \exp\left(-\alpha_1 \frac{\rho_s - \rho_0}{\rho_s \rho_0} C_m \right) \tag{3-33}$$

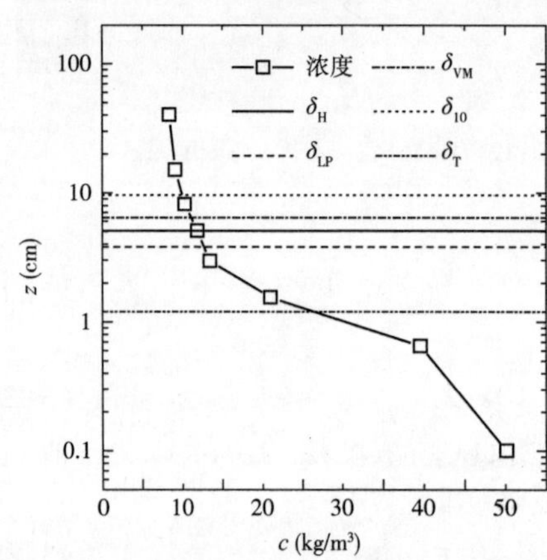

图 3-18 各种高浓度层厚度定义的比较

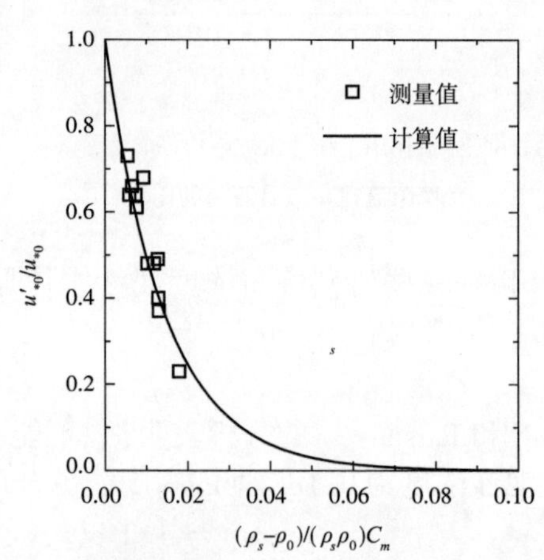

图 3-19 摩阻流速和高浓度层平均浓度 C_m 的关系

式中，ρ_s 和 ρ_0 分别为泥沙和水的密度；C_m 为高浓度层内泥沙平均浓度；α_1 为无量纲系数，本文取 $\alpha_1 = 70$。

将式(3-33)带入式(3-17)得

$$\sqrt{K} = u_{*w} \exp\left(-\alpha_1 \frac{\rho_s - \rho_0}{\rho_s \rho_0} C_m \right) \exp\left(-\frac{z}{\delta_w} \right) \tag{3-34}$$

以第4组泥沙实验为例可见，紊动强度计算结果与测量值吻合较好(图3-20)。与清水中类似，距离床面3cm以上区域中计算结果小于实测结果。

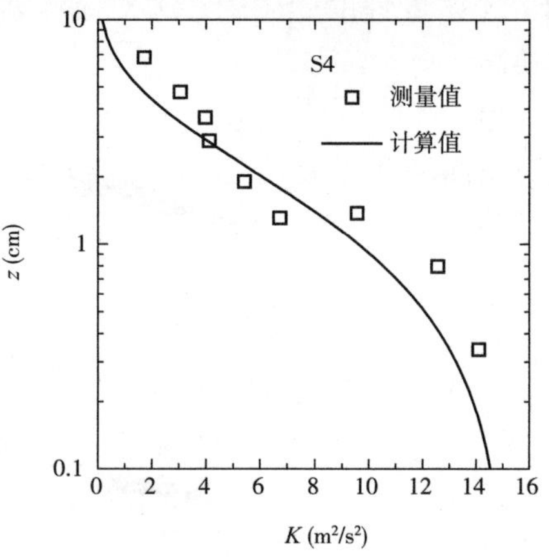

图3-20　高浓度水体总紊动强度计算结果与实测值比较

前面分析了清水中波浪边界层内紊动强度分量沿水深呈固定比例，那么浑水中是否也有相同的规律呢？Kobayashi 等[47]在研究破波带内泥沙运动时给出了肯定的回答，即

$$\overline{u'^2}/(2K) = 0.6 \tag{3-35}$$

$$\overline{v'^2}/(2K) = 0.3 \tag{3-36}$$

$$\overline{w'^2}/(2K) = 0.1 \tag{3-37}$$

Kobayashi 的实验中，泥沙浓度不是很高，没有出现分层现象，那么对于波浪作用出现分层现象时，各方向紊动强度比例如何，也应该做进一步分析。同前面清水中分析步骤相同，由图3-21可见，高浓度水体中，边界层内紊动强度分量沿水深也呈固定比例，各方向上比例略有不同，即

$$\overline{u'^2}/(2K) = 0.53 \tag{3-38}$$

$$\overline{v'^2}/(2K) = 0.38 \tag{3-39}$$

$$\overline{w'^2}/(2K) = 0.09 \tag{3-40}$$

比较式(3-35)至(3-40)可知，在高浓度泥沙条件下，各方向紊动强度分量在总紊动强度 K 中所占比例变化不大，x 方向分量变化最小，因为泥沙对紊动的抑制作用，挟沙水流中 z 方向分量所占比例略有下降。与图3-15比较可见，挟沙水流中垂向紊动动能与总紊动动能的线性关系没有清水中明显，其原因可能跟挟沙水流中垂向紊动强度相对紊动强度在 x、y 方向分量小，易受泥沙颗粒影响，难以准确测量有关。此外，与明渠水流中分量比例相比，波浪条件下 z 方向分量所占比例明显减小，y 方向分量所占比例增大，x 方向分量所占比例变化较小。这可能与波浪作用下近底水流振荡运动抑制紊动发展有关。3.1.1节模型建立中，Nielsen 和 Teakle[15]建议边界层内掺混速度系数 γ 取为0.4，该系数的平方与紊动强度在 z 方向分量占总紊动强度的比例在相同的量级上。这与前面由水流垂向脉动强度确定泥沙垂向扩散速度的假设是一致的。

3.2.1.4　高浓度泥沙对掺混长度的影响

如前所述，悬移质的存在促使掺混长度减小。Balmforth 等利用掺混长度模型

研究了浓度梯度产生的浮力对流体紊动的影响，并给出掺混长度表达式[74]

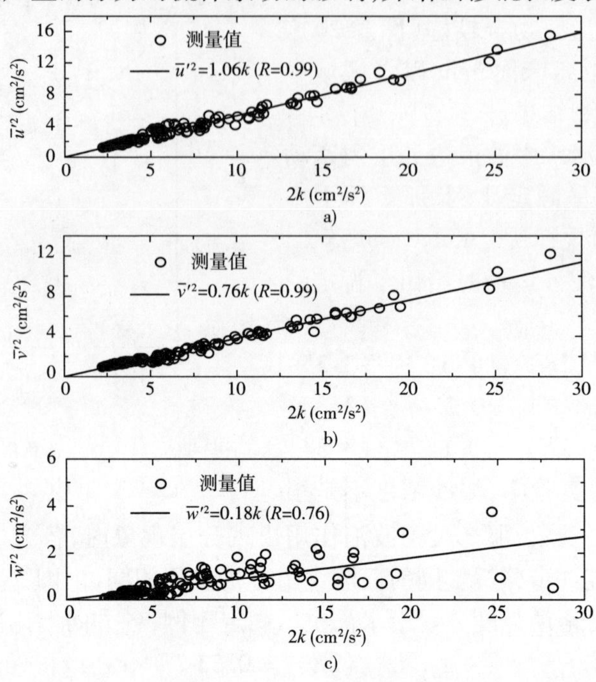

图 3-21　挟沙水流中紊动动能各方向分量与总紊动动能 k 的关系

$$l'_{\mathrm{w}}(z) = \frac{l_{\mathrm{w}}K^{1/2}}{(K + rl_{\mathrm{w}}^2 b_{\mathrm{z}})^{1/2}} \tag{3-41}$$

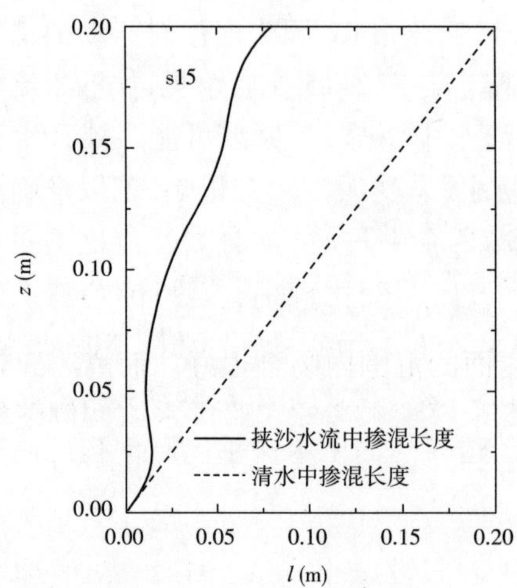

图 3-22　高浓度泥沙水体内掺混长度分布

式中，l'_{w} 为紊动被抑制后的掺混长度；b_{z} 为浮力频率；r 为无量纲的系数。

$$b_{\mathrm{z}} = -\frac{g}{\rho}\frac{\mathrm{d}\rho}{\mathrm{d}z} = -g\frac{\rho_{\mathrm{s}} - \rho_0}{\rho_{\mathrm{s}}\rho}\frac{\mathrm{d}c}{\mathrm{d}z} \tag{3-42}$$

式中，ρ 为流体密度。

因为即使泥沙浓度达到 100kg/m^3 时，水体密度增加也只有约为 6.2%，所以可以简化式(3-42)为

$$b_z \approx -g\frac{\rho_s - \rho_0}{\rho_s\rho_0}\frac{\mathrm{d}c}{\mathrm{d}z} \tag{3-43}$$

以第 15 组挟沙实验为例，高浓度泥沙水体内掺混长度分布如图 3-22 所示，与清

水中掺混长度比较，高浓度水体的掺混长度明显偏小。

3.2.2　与实验结果的比较

在高含沙水体中，仍然假设泥沙掺混速度与垂向紊动速度相关，即

$$w_m = \sqrt{w'^2} \tag{3-44}$$

则根据前面对高浓度含沙水体特性的分析，由式(3-6)、式(3-34)、式(3-40)、式(3-41)和式(3-44)结合式(2-9)、式(2-25)组成了考虑紊动抑制和泥沙制约沉降因素的泥沙浓度分布模型。该模型能够反映波浪条件下高浓度层泥沙的分布规律。以最低测量点浓度作为参考浓度，计算结果与实验结果的比较见图3-23。

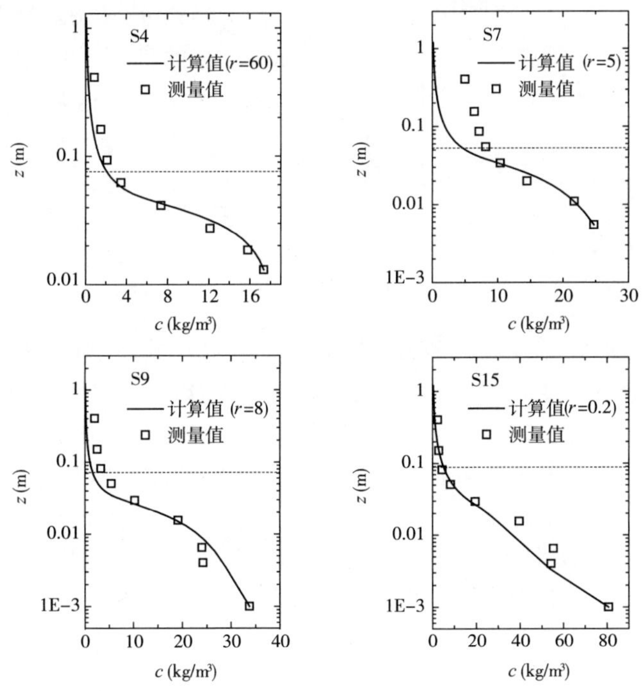

图3-23　模型计算值与测量值的比较(虚线为高浓度层厚度 δ_H)

由图3-23可见，计算值与测量值在靠近床面的范围内吻合很好。而离床面较远处，计算浓度明显小于实测值，主要是因为理论模型未考虑实验中水槽两侧壁的影响所造成的。

按照 Balmforth 等的定义，式(3-41)中 r 为无量纲掺混长度参数。模型计算时，r 取最优值。那 r 反映怎样的物理意义呢？若假设泥沙的存在对紊动没有抑制影响，那么掺混长度和掺混速度跟泥沙浓度都没有依赖关系，则可以得到泥沙浓度

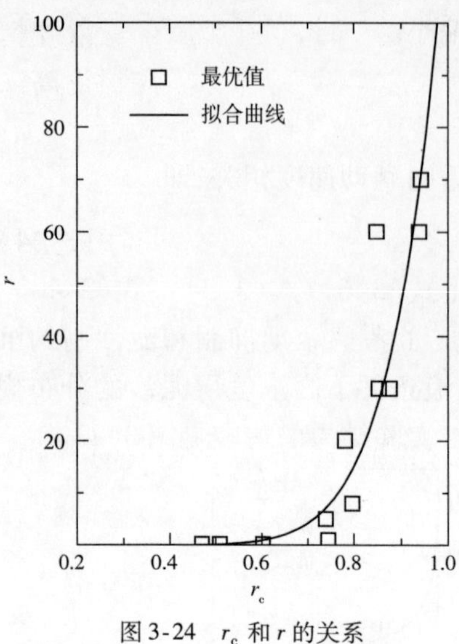

图 3-24 r_c 和 r 的关系

的分布为 c_b。设$\overline{C}$和$\overline{C_b}$分别表示实际泥沙浓度 c 和假想浓度 c_b 的水深平均值，则泥沙由于自身对水流紊动发展的抑制进而使自身的悬浮量也受限制的程度 r_c 可表示为

$$r_c = (\overline{C} - \overline{C_b}) / \overline{C} \tag{3-45}$$

从 r 与 r_c 的关系可知，r 实际反映了泥沙浓度梯度对自身运动的限制程度（图 3-24）。浓度越高，紊动抑制越明显，r 也越大。

于是可建立两者之间的关系为

$$r = 5352\tan(0.02325 r_c^{9.444}) \tag{3-46}$$

泥沙对水流的抑制作用越强，泥沙实际平均浓度$\overline{C}$和假想浓度$\overline{C_b}$相差也越多，进而 r 也越大。以当前实验数据可确定式（3-46）适用范围为：$0.47 \leqslant r_c \leqslant 0.95$。

3.2.3 简化模型

前面分析了高浓度含沙水体紊动结构、高浓度层厚度等特性，并在有限掺混长度理论的基础上建立了数学模型，计算结果与实测值吻合较好。该模型中，摩阻流速等多个物理量与浓度分布相关，而浓度分布未知，因此需要迭代求解。由于与浓度相关的量较多，迭代求解过程对浓度以及相关量初始值的设置非常敏感，容易产生不收敛现象。这严重制约着该模型的广泛应用。为此，本节寻求一种简单有效的方法来反映泥沙浓度对紊动制约的影响。

实际上，不论是掺混长度减小还是紊动强度的减弱，最后都导致泥沙扩散系数的减小。因此通过相对简单的函数直接修正泥沙扩散系数不失为一种合理的简化方法，特别是在进一步建立三维泥沙数学模型时将有重要的应用价值。van Rijn[58]（2007）对波流共同作用下泥沙运动研究的总结中对泥沙的制约紊动作用进行了分析，并给出了扩散系数修正函数（紊动制约函数）

$$\varphi_d = \varphi_{fs}[1 + (c_V/c_{gel,s})^{0.8} - 2(c_V/c_{gel,s})^{0.4}] \tag{3-47}$$

式中，c_V 为体积浓度；$c_{gel,s} = 0.65$ 为床面最大体积浓度；φ_{fs} 为额外修正函数，表达式为，

$$\varphi_{fs} = d_{50}/(1.5 d_{sand}) \tag{3-48}$$

式中，$d_{sand} = 62\mu m$ 为沙与粉沙的分界粒径。

式（3-47）表明：泥沙粒径相同时，悬沙浓度越大，扩散制约作用越强；悬沙浓度

相同时，泥沙粒径越小，扩散制约作用越强。但显然式(3-47)不适用于低浓度情况，如浓度为0时，$\varphi_d = \varphi_{fs}$显然与不存在紊动制约的事实不符。本章重点讨论高浓度泥沙垂线分布，不涉及高、低浓度分界问题，依然采用式(3-47)原有形式。

利用式(3-47)，按照局部均匀近似法，表观扩散系数可近似表示为

$$\varepsilon_{\mathrm{Fick,w}} = \varphi_d \frac{\omega_s l_w}{2\sinh^{-1}\left(\dfrac{\omega_s}{2w_{mw}}\right)} \tag{3-49}$$

式中，掺混长度和掺混速度由3.1.1中式(3-2)、式(3-6)、式(3-7)、式(3-8)、式(3-13)、式(3-14)和式(3-15)确定。

考虑泥沙制约沉降因素，采用单向水流模型中的式(2-25)。这样，式(2-5)、式(2-25)和式(3-49)就构成了波浪作用下适用于高浓度情况的时均浓度垂线分布模型。下面利用Lamb等实验数据和赵冲久黄骅粉沙实验数据对该模型进行检验(图3-25和图3-26)。

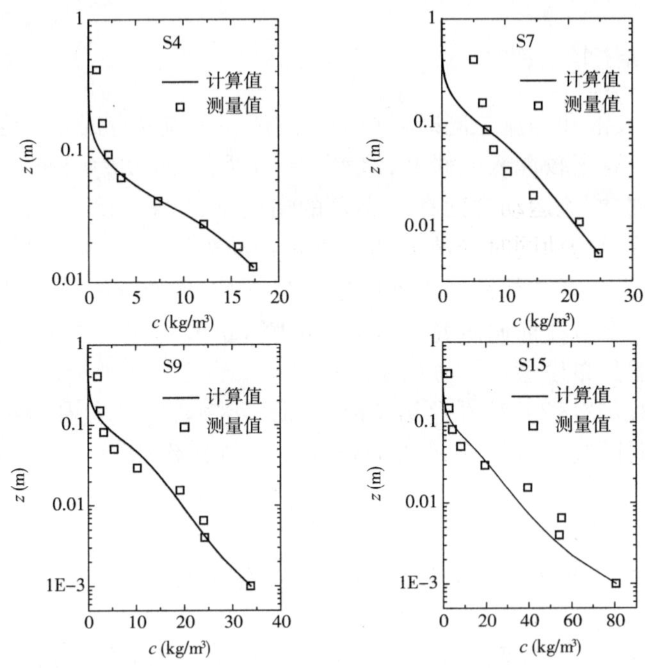

图3-25　简化模型计算结果与Lamb等实验测量值[71]的比较

从比较结果来看，该简化模型能够可靠地反映波浪条件下高浓度泥沙垂线分布特征。

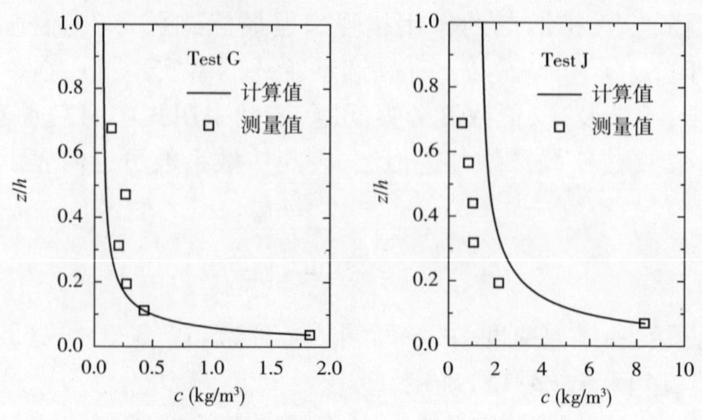

图 3-26 简化模型计算结果与黄骅粉沙实验测量值[5]的比较

3.3 波流共同作用下悬移质含沙量的分布

3.3.1 模型的建立

海岸地区,波浪和潮流是同时存在的。波浪和潮流共存时水流条件复杂,目前对流速分布已经有了较深入的研究,但水流紊动强度、剪切力分布等问题还不是十分清楚,特别是在波流运动方向存在夹角的情况下,这些问题还有待进一步研究。海岸地区泥沙悬浮运动同时受波浪和潮流两种动力因素影响,这使得问题变得异常复杂。因此,研究者往往针对泥沙问题的特殊性,忽略某些次要因素,以简化问题的复杂程度。本节在前面研究的基础上按照 van Rijn 的模式建立波流共同作用下悬沙时均浓度分布模型。

依据 van Rijn[58](2007)在总结波流共同作用下泥沙运动研究时给出的模式,波流共同作用下扩散系数可表示为潮流和波浪单独作用时扩散系数的非线性叠加,即

$$\varepsilon_{cw} = \varphi_d[\varepsilon_c^2 + \varepsilon_w^2]^{0.5} \tag{3-50}$$

式中,ε_c 和 ε_w 分别为单向水流和波浪单独作用时不考虑紊动制约因素的扩散系数。

根据前面对单向水流和波浪作用下悬移质浓度垂线分布的研究,ε_c 和 ε_w 可以由以下两式确定

$$\varepsilon_c = \frac{\omega_s l_c}{2\sinh^{-1}\left(\dfrac{\omega_s}{2w_{mc}}\right)} \tag{3-51}$$

$$\varepsilon_{w} = \frac{\omega_{s} l_{w}}{2\sinh^{-1}\left(\frac{\omega_{s}}{2w_{mw}}\right)} \tag{3-52}$$

式中，l_c 和 w_{mc} 分别按式(2-24)和式(2-17)计算；l_w 按式(3-6)、式(3-7)和式(3-14)计算；w_{mw} 按式(3-2)、式(3-8)和式(3-13)计算。

当流强波弱时，由于流速较大，波浪水质点轨迹运动在水流运动方向会产生明显的变形，从而削弱波浪水质点运动对泥沙的掺混作用。因此，当流强波弱时，有必要对波浪扩散系数 ε_w 进行修正，即增加限定条件

$$\varepsilon_{w}(z > h/3) = \{\varepsilon_{w}(h/3) \mid \varepsilon_{w}(h/3) \leqslant 0.7\varepsilon_{c}(h/3)\} \tag{3-53}$$

式(3-53)表示，当1/3水深处波浪扩散系数小于0.7倍的潮流扩散系数时，即流强波弱时，波浪在上部水体($z>1/3h$)中的扩散系数为常数。

另外，波流共存时，水流的掺混长度受波浪的影响，泥沙粒径对掺混长度的影响可能没有纯流时那样明显，因此对掺混长度系数也进行适当修正，增加限制条件

$$\kappa_{s} = \begin{cases} a[\ln(C_{mean}) - \ln(0.001)] + \kappa_{s.001} & \kappa_{s} \leqslant 0.4 \\ 0.4 & \kappa_{s} > 0.4 \end{cases} \tag{3-54}$$

由式(3-50)结合式(2-5)和式(2-25)以及参考浓度即可求得悬沙浓度分布。因为该模型涉及公式较多，下面集中列出模型中的主要公式。

波流共同作用下的总扩散系数：

$$\varepsilon_{cw} = \varphi_{d}[\varepsilon_{c}^{2} + \varepsilon_{w}^{2}]^{0.5}$$

$$\varphi_{d} = \varphi_{fs}\left[1 + \left(\frac{c_{V}}{c_{gel,s}}\right)^{0.8} - 2\left(\frac{c_{V}}{c_{gel,s}}\right)^{0.4}\right]$$

水流作用下扩散系数相关公式：

$$\varepsilon_{c} = \frac{\omega_{s} l_{c}}{2\sinh^{-1}\left(\frac{\omega_{s}}{2w_{mc}}\right)}$$

$$l_{c} = 2\kappa_{s} h\left[\left(1 - \frac{z}{h}\right)^{\frac{1}{2}} - \left(1 - \frac{z}{h}\right)\right]$$

$$\kappa_{s} = \begin{cases} a[\ln(C_{mean}) - \ln(0.001)] + \kappa_{s.001} & \kappa_{s} \leqslant 0.4 \\ 0.4 & \kappa_{s} > 0.4 \end{cases}$$

$$w_{mc} = 1.27u_{*c}\exp(-z/h)$$

波浪作用下扩散系数相关公式：

$$\varepsilon_{w} = \frac{\omega_{s} l_{w}}{2\sinh^{-1}\left(\frac{\omega_{s}}{2w_{mw}}\right)}$$

$$\varepsilon_{w}\left(z > \frac{h}{3}\right) = \left\{\varepsilon_{w}\left(\frac{h}{3}\right) \middle| \varepsilon_{w}\left(\frac{h}{3}\right) \leqslant 0.7\varepsilon_{c}\left(\frac{h}{3}\right)\right\}$$

$$l_{w}(z) = \lambda' z \qquad 0 \leqslant z \leqslant \delta_{w}$$

$$l_{w}(z) = \frac{z-\delta_{w}}{\delta_{m}-\delta_{w}} l_{w}(\delta_{m}) + \frac{\delta_{m}-z}{\delta_{m}-\delta_{w}} l_{w}(\delta_{w}) \qquad \delta_{w} < z < \delta_{m}$$

$$l_{w}(z) = \lambda \frac{H}{2} \frac{\sinh(kz)}{\sinh(kh)} \qquad z \geqslant \delta_{m}$$

$$w_{mw}(z) = w_{mw}(z'_{0}) \exp\left(-\frac{z-z'_{0}}{L_{w}}\right) \qquad 0 \leqslant z \leqslant \delta_{w}$$

$$w_{mw}(z) = \frac{z-\delta_{w}}{\delta_{m}-\delta_{w}} w_{mw}(\delta_{m}) + \frac{\delta_{m}-z}{\delta_{m}-\delta_{w}} w_{mw}(\delta_{w}) \qquad \delta_{w} < z < \delta_{m}$$

$$w_{mw}(z) = \frac{\pi H}{\sqrt{2}T} \frac{\sinh(kz)}{\sinh(kh)} \qquad z \geqslant \delta_{m}$$

群体沉速公式：

$$\omega_{s} = \omega_{s0}(1 - c_{V})^{n}$$

3.3.2 模型的验证

下面用 van Rijn[61,62]等(1993,1995)和 Chen[60](1992)进行的波流共同作用下的悬沙实验数据对上面建立的模型进行检验。表 3-4 列出了实验的相关参数，其中 θ 为波浪和潮流的夹角。因为实验中没有给出潮流摩阻流速，这里根据实验测得的水深平均流速 U_{m} 按式(3-55)进行计算。

$$u_{*c} = \frac{\kappa U_{m}}{\left[\ln\left(\frac{h}{z_{0}}\right) - 1\right]} \tag{3-55}$$

式中，z_{0} 为流速等于零处距床面的距离，可由下式确定

$$z_{0} = \frac{k_{s}}{30} \tag{3-56}$$

实验基本参数 表3-4

组 次	h(m)	H(m)	T(s)	θ(°)	U_m(m/s)	D_{50}(μm)
T200,10,40[61]	0.51	0.098	2.6	0	0.45	205
T10,19,90[62]	0.43	0.093	2.24	90	0.117	100
T14,20,60[62]	0.42	0.131	2.3	60	0.235	100
Test A[60]	0.25	0.065	1.76	180	0.08	180

本章所建立模型从理论上较好地反映了实际物理现象，但在实际应用中是否依然具有优越性和更高的精度，需要进一步验证。下面通过与 van Rjin 模型计算结果的比较进行说明。本文所建立的模型与 van Rjin 模型的主要区别在于扩散系数 ε_c 和 ε_w 的形式不同。van Rjin 认为，流和波单独作用时扩散系数形式如图 3-27 所示[24,57,58]。

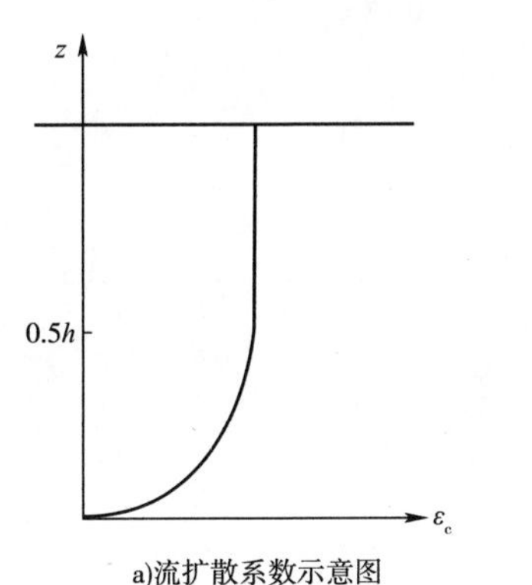

a)流扩散系数示意图

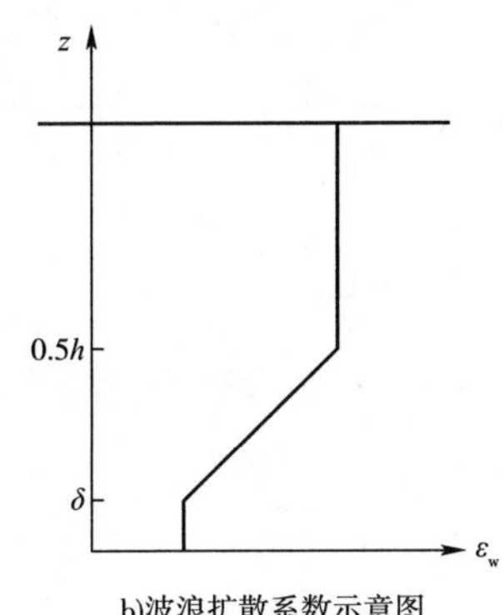

b)波浪扩散系数示意图

图 3-27 van Rjin 模型潮流和波浪扩散系数示意图[58]

van Rjin 将潮流扩散系数表示为[24]

$$\varepsilon_c = \kappa u_{*c} z\left(1 - \frac{z}{h}\right) \qquad z \leqslant 0.5h \qquad (3\text{-}57)$$

$$\varepsilon_c = 0.25\kappa u_{*c} h \qquad z > 0.5h \qquad (3\text{-}58)$$

将波浪扩散系数表示为[57,58]

$$\varepsilon_w = \varepsilon_{w,bed} = \alpha_1 \beta \delta u_w \qquad z \leqslant \delta \qquad (3\text{-}59)$$

$$\varepsilon_{w,max} = \alpha_2 \frac{hH}{T} \qquad z \geqslant 0.5h \qquad (3\text{-}60)$$

$$\varepsilon_w = \varepsilon_{w,bed} + (\varepsilon_{w,max} - \varepsilon_{w,bed})\left(\frac{z - \delta}{0.5h - \delta}\right) \qquad \delta < z < 0.5h \qquad (3\text{-}61)$$

式中，α_1、α_2 为常系数；β 为修正系数，按照式(2-16)计算，δ 为波浪边界层高度。各个参数的计算公式不详细列出，请参考相关文献[24,57,58]。

图3-28～图3-31显示了本文模型中扩散系数分布形式和悬沙浓度垂向分布计算结果。当流强波弱时，总扩散系数在形状和大小上与流单独作用时的扩散系数接近，波浪作用对总扩散系数的增加贡献很小(图3-28)；当波强流弱时，总扩散系数在形状和大小上与波浪单独作用时的扩散系数接近，潮流作用对总扩散系数的增加贡献很小(图3-29)；波流强度相当时，在靠近水面附近，依然以波浪作用贡献为主，而在底部两者的贡献都很重要(图3-30和图3-31)。

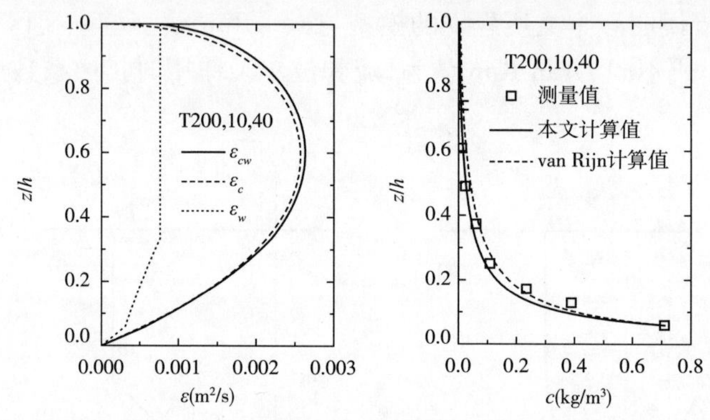

图3-28 计算结果与 van Rijn(1993)实验测量值[61]的比较(流强波弱)

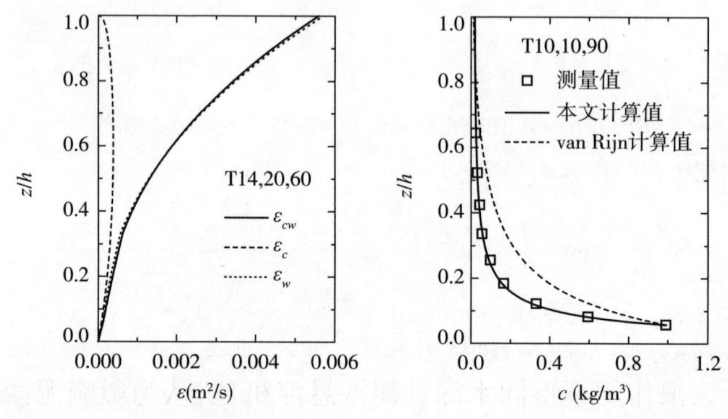

图3-29 计算结果与 van Rijn(1995)实验测量值[62]的比较(波强流弱)

此外，图中还显示了 van Rjin 模型泥沙浓度计算结果。比较可见，本模型与实测值吻合更好，具有更高的精度和适用范围。这说明，本章中所建立模型不仅在理论上更为完善，而且在实际应用中也有更好的表现。综上所述，该模型能够较好地反映波流共同作用下悬沙浓度分布规律。

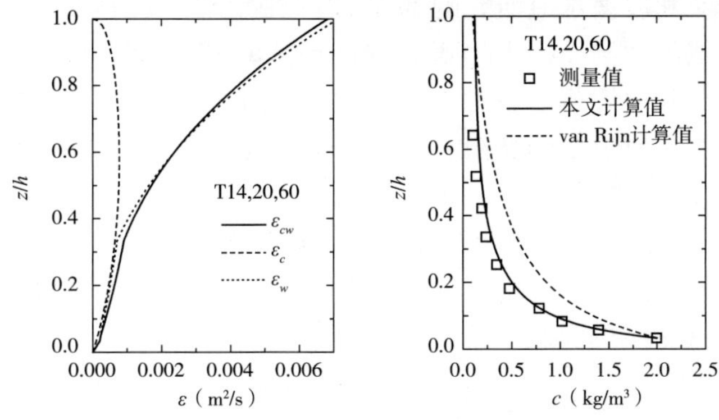

图3-30　计算结果与 van Rijn(1995)实验测量值[62]的比较(波流相当)

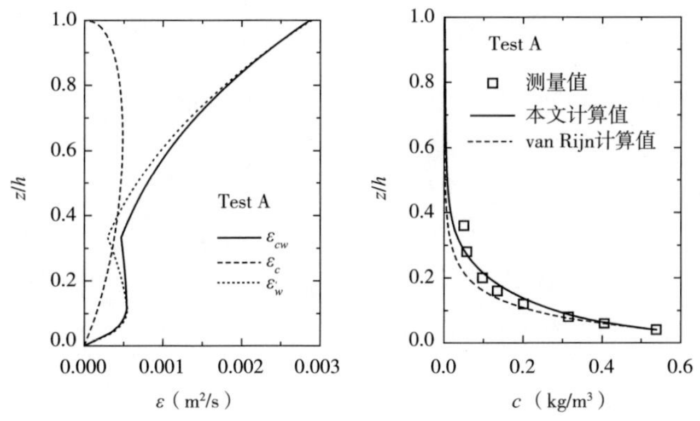

图3-31　计算结果与 Chen(1992)实验测量值[60]的比较(波流相当)

3.4　本章小结

本章利用有限掺混长度理论对波浪以及波浪和潮流共同作用下的悬移质含沙量分布进行了研究。在波浪作用的研究中,首先阐述了波浪作用和单向水流作用的不同,分析了波浪作用下不同水深处泥沙悬浮机理,认为影响泥沙悬浮的主要因素从近床面的紊动扩散逐渐过渡到自由表面的波动水质点周期运动,建立了全水深悬沙垂线分布模型,与多家实验结果的比较表明了该模型的合理性。然后,依据 Lamb 等在振荡流水槽中高浓度含沙水体实验结果,着重对波浪作用下高浓度含沙水体进行了研究,对紊动强度分布、高浓度含沙水体厚度以及高浓度泥沙对掺混长度的影响进行了初步分析,并建立了能够考虑高浓度现象的理论模型和简化模型。

最后,在单向水流和波浪水流研究的基础上,采用紊动制约函数直接修正扩散系数的方法,建立了波流共同作用下考虑高浓度现象的悬沙浓度垂线分布模型。与流强波弱、波强流弱和波流相当三种情况实验值的比较,以及与van Rijn模型计算结果的比较,表明本文所建立的波浪和潮流共同作用下悬沙分布模型更为合理,能够更准确地反映实际现象。

本章所建模型考虑了泥沙与水流紊动的相互作用,对泥沙抑制紊动现象进行了描述,反映了粉沙质海岸高浓度含沙水体的形成机理,为后面利用数值模拟手段研究航道淤积现象打下基础。

第4章　考虑底部高含沙影响的三维泥沙数学模型

在河口海岸自然条件下，由于水流的三维流动特性和泥沙垂线分布的非均匀性，泥沙输运往往呈现出三维特性。为了更好地了解泥沙运动规律，解决河口与海岸工程中所涉及的一系列工程问题，进行泥沙运动的三维数学模拟是十分必要的。水动力与泥沙的三维数学模拟已成为近年来河口海岸研究的重要研究方向之一[148]。在三维泥沙数学模型中，垂向扩散系数的确定是最为关键的因素之一，它决定着泥沙在垂向上的分布形式，对合理反映泥沙运动的三维特性起着关键性作用。为此，本章将利用第3章建立的考虑底部高含沙影响的波流共同作用下悬沙垂线分布模型，建立三维并行水动力泥沙数学模型，并对该模型进行验证。

4.1　三维泥沙数学模型的建立

Wai 和 Jiang 等人[149,150]建立了三维并行水动力泥沙数学模型，但该模型中没有考虑波浪的作用，也没有考虑高含沙影响。为此，本章将以 Wai 和 Jiang[149,150]联合开发的三维并行水动力泥沙数学模型（以下简称 WJ 模型）为基础，在模型中进一步考虑波流共同作用下的泥沙运动以及悬沙分布中底部高含沙的影响，即在原有模型中添加波浪数据输入接口，对原有的垂向泥沙分布计算模式进行改进，并对新改进的三维泥沙模型进行验证。

WJ 模型主要特点为：采用 Mellor-Yamada 2.5 阶紊流封闭模型；垂向和水平方向都采用有限单元法；包含斜压项，能够模拟分层流；水平网格采用6点三角形网格；采用并行计算手段，具有更高的计算能力。下面对该模型的水动力和泥沙部分分别进行简要介绍。

4.1.1　水动力部分

4.1.1.1　水动力基本方程

基于静压假定和 Boussinesq 假定，雷诺平均的 Navier – Stokes（RANS）方程可

以退化为三维浅水方程,用于描述河口和海岸的大尺度流动。垂向采用 σ 坐标系时:

$$\sigma = \frac{z + \zeta}{h + \zeta} \tag{4-1}$$

式中,$\zeta(x,y)$ 为点 (x,y) 处的水位;$h(x,y)$ 为 (x,y) 处的海床相对于基准面的距离。因此,$H = h + \zeta$ 为总水深,σ 坐标的变化范围为[0,1]。

采用爱因斯坦求和约定,质量守恒方程(连续性方程)可表示为:

$$\frac{\partial \zeta}{\partial t} + \frac{\partial H u_j}{\partial x_j} = 0 \tag{4-2}$$

动量方程为:

$$\frac{\mathrm{d}u_i}{\mathrm{d}t} + f\beta_{ij}u_j + P_i^* + g\frac{\partial \zeta}{\partial x_i} = \frac{\partial}{\partial x_j}\left(\varepsilon_j \frac{\partial u_i}{\partial x_j}\right) \tag{4-3}$$

盐度输运方程为:

$$\frac{\mathrm{d}S}{\mathrm{d}t} = \frac{\partial}{\partial x_j}\left(\varepsilon_{\mathrm{sali},j}\frac{\partial S}{\partial x_j}\right) \tag{4-4}$$

式中,i 和 j 取 1、2、3;t 为时间;$x_j = [x, y, (z+h)H^{-1}]$;$u_j = [u, v, \omega]$ 为速度;$\beta_{ij} = \begin{bmatrix} 0 & -1 & 0 \\ 1 & 0 & 0 \end{bmatrix}$;$\varepsilon_j = [\varepsilon_x, \varepsilon_y, \varepsilon_z H^{-2}]$;为涡粘系数;$P_i^*$ 为斜压项;S 为盐度;$\varepsilon_{\mathrm{sali},j} = [\varepsilon_{\mathrm{sali},x}, \varepsilon_{\mathrm{sali},y}, \varepsilon_{\mathrm{sali},z}H^{-2}]$ 为盐度扩散系数。

4.1.1.2 紊流闭合模型

水动力方程中的涡粘系数需要通过紊流模型获得。Mellor-Yamada(MY)紊流闭合模型,可以通过紊流动能和混合长方程组从数学上求出紊动涡粘系数,是目前三维水动力模式中应用最为广泛的紊流模型。根据对紊动动能和混合长方程组中各项的取舍,MY 紊流闭合模型可分为多种阶数的模型。本模型采用 MY-2.5 阶模式,考虑了紊动动能和混合长的局部变化率,紊流能量的水平和垂直输送以及紊流能量的垂直扩散。其方程如下:

$$\frac{\mathrm{d}q^2}{\mathrm{d}t} = \frac{\partial}{\partial x_j}\left(\varepsilon_{q,j}\frac{\partial q^2}{\partial x_j}\right) + \frac{2\varepsilon_{q,z}}{H^2}\left(\frac{\partial u_i}{\partial \sigma}\right)^2 + \frac{2g\varepsilon_{\mathrm{sali},z}}{\rho_0 H}\frac{\partial \rho}{\partial \sigma} - \frac{2q^3}{B_1 l} \tag{4-5}$$

$$\frac{\mathrm{d}q^2 l}{\mathrm{d}t} = \frac{\partial}{\partial x_j}\left(\varepsilon_{q,j}\frac{\partial q^2 l}{\partial x_j}\right) + \frac{E_1 l \varepsilon_z}{H^2}\left(\frac{\partial u_i}{\partial \sigma}\right)^2 + E_1 E_3 l\frac{g\varepsilon_{\mathrm{sali},z}}{\rho_0 H}\frac{\partial \tilde{\rho}}{\partial \sigma} - \left[1 + E_2\left(\frac{l}{kL}\right)^2\right]\frac{q^3}{B_1} \tag{4-6}$$

式中,$q^2/2$ 为紊动能量;l 为紊动长度尺度;$\varepsilon_{q,j} = [\varepsilon_{q,x}, \varepsilon_{q,y}, \varepsilon_{q,z}H^{-2}]$ 为紊动能

量的扩散系数；ρ_0 为水的密度；$\frac{\partial\tilde{\rho}}{\partial\sigma}\equiv\frac{\partial\rho}{\partial\sigma}-\frac{1}{v_s^2}\frac{\partial p}{\partial\sigma}$；$p$ 为静水压力；v_s 为声速；E_1、E_2、E_3、B_1 为常系数。

4.1.1.3　定解条件

(1)自由水面边界条件

水动力方程在自由表面应满足如下运动学边界条件

$$w(x,y,\zeta,t)=0 \tag{4-7}$$

满足如下动力学边界条件

$$\rho\varepsilon_z\frac{\partial u}{\partial x}\bigg|_{z=\zeta}=\tau_{sx} \tag{4-8}$$

$$\rho\varepsilon_z\frac{\partial v}{\partial y}\bigg|_{z=\zeta}=\tau_{sy} \tag{4-9}$$

式中，τ_{sx} 和 τ_{sy} 分别为风应力矢量 $\vec{\tau}_s$ 在 x 和 y 方向上的分量。

(2)底部边界条件

水动力方程在底部应满足如下运动学边界条件：

$$w=-u_j\frac{\partial h}{\partial x_j} \tag{4-10}$$

这里，j 取1、2。满足如下动力学边界条件：

$$\rho\varepsilon_z\frac{\partial u}{\partial x}\bigg|_{z=-h}=\tau_{bx} \tag{4-11}$$

$$\rho\varepsilon_z\frac{\partial v}{\partial y}\bigg|_{z=-h}=\tau_{by} \tag{4-12}$$

式中，τ_{bx} 和 τ_{by} 分别为底摩擦应力 $\vec{\tau}_b$ 在 x 和 y 方向上的分量。

(3)侧边界条件

侧边界条件可分为闭边界与开边界两种。

①闭边界条件：岸线或建筑物边界可视为闭边界，即边界不透水，水质点沿切向可自由滑移，则其边界条件可表示为

$$\frac{\partial\vec{u}}{\partial\vec{n}}=0 \tag{4-13}$$

式中，$\vec{u}$ 为水平速度矢量1；$\vec{n}$ 为固壁边界的外法线方向。

②开边界条件：开边界主要是由于人为将有限区域作为计算范围而引起的。开边界所取的变量值应必须保证区域外界发生的状态能够传入区域内，同时保证内部区域的状态能够传入外界。开边界条件通常通过强加流量或强加自由表面水位获得。第一类边界通常用于河流边界，第二类则用于海洋边界。

动边界条件:动边界指的是闭边界随时间变化的情况。如果在计算区域内有潮间带,一些计算点有可能随着潮汐水位的变化而被淹没或露出来,从而出现干湿网格。该模型通过干湿网格方法很好地对此进行了描述。关于水动力部分更详细内容请参考文献[149]和[150]。

4.1.1.4 波浪数据的输入

原有 WJ 模型主要应用在波浪作用不显著的河口地区,水动力和泥沙部分都未包含波浪作用,暂不考虑波浪和水流之间的相互作用。因此,本文对 WJ 模型进行改进,使其能够输入由其他模型计算得到的波浪数据,供泥沙计算使用。

WJ 模型采用 MPI(Message Passing Interface)方式进行并行计算。MPI 是一种基于消息传递的并行程序设计标准,是一个消息传递函数库的标准说明,是目前最重要的一种并行编程工具和环境[151]。它有多种实现方式,并能对多种编程语言进行扩展,使其具有并行编程能力,将功能、高效和移植性三个重要而又有一定矛盾的方面很好地融为一体。在基于 MPI 编程模型中,计算由一个或多个彼此通过调用库函数进行消息收、发通信的进程组成。WJ 模型采用主从(Master - Slave)模式,其数据通信只发生在主节点和从节点间,而从节点间不发生直接数据通信,从节点间数据通信是通过主节点转发来实现的。根据主从模式消息传递特点,在 WJ 模型的主程序部分加入波浪数据输入模块,并通过消息传递发送到每个从节点。由于波浪数据时间间隔往往与水动力泥沙模型计算时间步长存在差异,因此在波浪数据输入模块中对此进行判断,若模型当前时间与波浪数据时间相同,则直接发送数据;若不同,则寻找与模型当前时间最近的两个波浪数据,进行线性插值后再进行数据传递。

4.1.2 泥沙输运方程

σ 坐标系下三维泥沙输运方程为

$$\frac{\partial c}{\partial t}+u_{\mathrm{j}}\frac{\partial c}{\partial x_{\mathrm{j}}}-\frac{\partial \omega_{\mathrm{s}} c}{H\partial x_{3}}=\frac{\partial}{\partial x_{\mathrm{j}}}\left(\varepsilon_{\mathrm{s,j}}\frac{\partial c}{\partial x_{\mathrm{j}}}\right) \tag{4-14}$$

式中,c 为泥沙浓度;ω_{s} 为泥沙沉降速度;$\varepsilon_{\mathrm{s,j}}=[\varepsilon_{\mathrm{s,x}},\varepsilon_{\mathrm{s,y}},\varepsilon_{\mathrm{s,z}}H^{-2}]$;$\varepsilon_{\mathrm{s,x}}$ 和 $\varepsilon_{\mathrm{s,y}}$ 为泥沙水平扩散系数;$\varepsilon_{\mathrm{s,z}}$ 为泥沙垂向扩散系数。

垂向扩散系数的确定是最为关键的因素之一,它决定着泥沙在垂向上的分布形式,对合理反映泥沙运动的三维特性起着关键性作用。在本文第 3 章中,我们已经建立了考虑高浓度影响的波流共同作用下泥沙垂向扩散系数分布模式,并得到

了较好的实验验证。因此,这里采用第3章中波流共同作用下悬沙垂线分布模型中的式(3-50)进行计算,该模型充分考虑了泥沙制约沉降和高浓度泥沙分层现象的影响,比较合理地反映了物理过程。

式(4-14)中的流速可由水动力部分的计算结果提供,但求解方程式(4-14)还必须给定边界条件和泥沙的相关参数(如沉降速度、粒径等)。边界条件可以分为固壁边界条件、自由水面边界条件和底部边界条件三种。

固壁边界要求泥沙浓度在固壁边界外法线方向梯度为零,即

$$\frac{\partial c}{\partial \vec{n}} = 0 \tag{4-15}$$

式中,$\vec{n}$ 为固壁边界的外法线方向。

按照扩散理论,泥沙向上的扩散通量 E 为

$$E = -\varepsilon_{s,z}\frac{\partial c}{H\partial x_3} \tag{4-16}$$

向下的沉降通量 D 为

$$D = \omega_s c \tag{4-17}$$

自由水面要求含沙量的净通量为零,即

$$q_s = E - D = -\varepsilon_{s,z}\frac{\partial c}{H\partial x_3} - \omega_s c = 0 \quad x_3 = 1 \tag{4-18}$$

式中,q_s 为自由水面泥沙净通量。

底部边界条件为

$$q_b = E_b - D_b = -\omega_s c - \varepsilon_{s,z}\frac{\partial c}{H\partial x_3} \quad x_3 = 0 \tag{4-19}$$

式中,q_b 为底部泥沙净通量;E_b 和 D_b 分别为底部起悬通量和沉降通量。因为要考虑冲刷、淤积引起的泥沙通量,底部边界条件的准确性依赖于泥沙净通量的精确描述。由于不同种类泥沙起悬特性的不同,q_b 的确定方式也不同。对于非黏性泥沙,通常认为底部沉降通量为

$$D_b = \alpha_s \omega_s c \tag{4-20}$$

式中,α_s 为沉降概率。底部起悬通量为

$$E_b = \begin{cases} 0 & \tau_b \leqslant \tau_{sc} \\ \alpha_s \omega_s c_a & \tau_b \geqslant \tau_{sc} \end{cases} \tag{4-21}$$

式中,τ_b 为床面剪切应力(考虑波流共同作用);τ_{sc} 为泥沙起动临界剪切应力;c_a 为泥沙参考浓度。参考浓度是准确描述浓度分布的关键因素之一,其预测的准确程度影响着整个水体中浓度分布计算的准确程度。

4.1.3 床面变形方程

由于冲刷和淤积导致的床面变形由下式描述

$$z_b = -\frac{q_b \Delta t}{\gamma_s} = \frac{\alpha_s \omega_s (c - c_a) \Delta t}{\gamma_s} \tag{4-22}$$

式中，Δt 为计算时间步长；z_b 为 Δt 时间内的床面变形；γ_s 为泥沙干重度。当底层含沙量大于参考浓度（即饱和浓度）时，床面上泥沙净通量向下，床面产生淤积；相反，当底层含沙量小于参考浓度时，床面上泥沙净通量向上，床面产生冲刷。

4.1.4 数值求解方法

模型采用破开算子法对控制方程进行离散，分解为对流、水平扩散和垂向扩散三部分，分别进行求解。第一步，用显式的欧拉－拉格朗日法求解对流项；第二步，水平方向采用6点三角形网格，用有限元法求解各层水平扩散项；第三步，与通常采用有限差分法不同，WJ模型采用Song和Haidvogel提出的有限单元法对垂向扩散部分进行求解[152]。该模型采用预条件共轭梯度法（PCG法）和预条件双共轭梯度法（PBiCG）来求解水平扩散项和连续方程中的大型线性方程组。模型中，动边界采用改进的窄缝法进行处理。改进后的窄缝法不需要对动量方程进行任何修改，便于应用。

模型采用消息传递模式的并行计算技术，按照计算需求，可将水平区域自动划分为多个子部分，分别由不同的CPU进行计算。各子部分间只需对边界上的节点数据进行通信。模型采用对相同数据类型的变量进行分组的策略，按照统一模式进行数据传递，简化了并行程序编制的复杂性。

有关数值求解方法的更详细内容请参考文献[149]和[150]。

4.2 三维泥沙数学模型的验证

考虑到水槽实验具有可控性高、能够提供较多测量数据等优点，我们利用van Rijn航道淤积实验数据[57]进行模型验证。该实验采用中值粒径为0.1mm的泥沙，属于粉沙质海岸泥沙的范畴。

4.2.1 实验设置

van Rijn（1986）用中值粒径为0.1mm近似均匀的泥沙进行了航道淤积的水槽实验[57]。水槽入水口平均流速约为0.18m/s，并在入水口侧生成波高0.08m，周期为1.5s的入射波。为了保持泥沙的平衡状态，在上游以0.0167kg/s/m的速度注入泥沙，保证航道前床面泥沙不冲不淤。实验初，航道深度为0.125m，底宽1.5m，两侧坡度1∶12，航道外水深0.255m（图4-1）。在航道内外共设置5个观测点，对流速和泥沙浓度垂线分布进行测量。

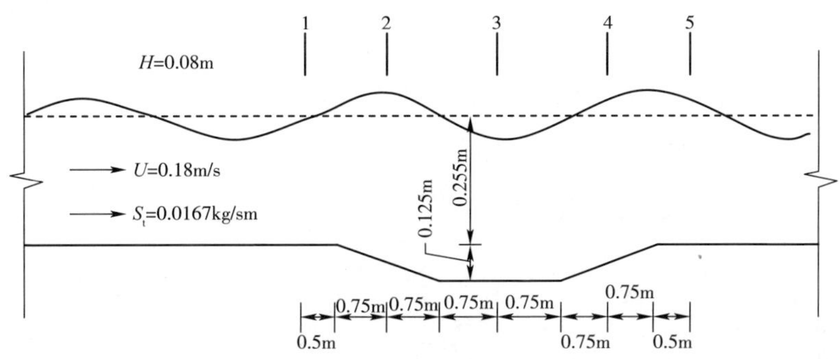

图4-1　航道淤积实验示意图

实验期间发现，床面上有沙纹存在，沙纹高度约为0.01～0.02m，长度为0.05～0.08m。实验还对采集的悬沙进行了粒径分析，悬沙粒径在0.08～0.11mm范围内。水体温度17℃，泥沙沉降速度在0.01～0.005m/s范围内。实验持续10h，最后对航道内淤积情况进行了测量。

4.2.2　平衡参考浓度

平衡参考浓度是准确描述浓度分布的关键因素之一，其预测的准确程度影响着整个水深浓度分布计算的准确程度。虽然研究者们对这一问题进行了很多的研究，但是因为参考浓度涉及床面泥沙组成、床面形状、水动力条件等因素的影响，还没有一个较为通用的公式。各家公式基本上只在某些水流条件和粒径的泥沙范围内适用。在实际应用中，还需要通过实验或现场观测数据进行校正。

Lee等[153]在分析前人研究成果的基础上，认为参考浓度主要跟泥沙颗粒雷诺数、Rouse数和Shields数有关，并指出以上三个参数只要知道其中两个就能得到另外一个，所以参考浓度公式的构建只需要包含其中两个参数即可。他们用大量的现场测量数据分析了参考浓度和以上三个参数的关系，认为参考浓度与泥沙颗粒雷诺数和Shields数的相关性更大，将距离床面1cm处设定为参考高度，给出了波流共同作用下的参考浓度计算公式

$$c_a = A'\left[\theta_{sf}\frac{u_{sf}^*}{\omega_s}\right]^{B'} \tag{4-23}$$

式中，A' 和 B' 为经验系数，取值范围分别为 2.58 ±1.17 和 1.45 ±0.04；u_{sf}^* 为表面摩阻流速；θ_{sf} 为表面 Shields 数。u_{sf}^* 和 θ_{sf} 可分别由以下两式计算

$$u_{sf}^* = u_{*c} + u_{sf,w}^* \tag{4-24}$$

$$\theta_{sf} = \frac{u_{sf}^{*2}}{(s-1)gd_{50}} \tag{4-25}$$

式中，$s=\rho_s/\rho_0$ 为泥沙相对重度，$u_{sf,w}^*$ 为仅考虑表面粗糙度的波浪摩阻流速。

$$u_{sf}^* = (0.5f'_w u_w^2)^{0.5} \tag{4-26}$$

$$f'_w = \exp\left[5.213\left(\frac{2.5d_{50}}{A}\right)^{0.194} - 5.977\right] \tag{4-27}$$

虽然 Lee 等[153]（2004）采用的现场测量数据包含的泥沙粒径范围为 0.12 ~ 0.35mm，没有包括 van Rijn 航道淤积实验所用中值粒径为 0.1mm 的泥沙，而且按照海岸的分类，前者属于沙质海岸泥沙，后者属于粉沙质海岸泥沙，但是 Lee 等实测数据中的最小泥沙粒径与 van Rijn 实验的粒径接近，按照泥沙性质随泥沙粒径逐渐变化的规律，在本章数值模拟中仍然可以采用式（4-23）进行计算，其中系数 A' 和 B' 分别取为 3.5 和 1.45[153]。

另外，van Rijn 航道淤积实验中底部泥沙浓度并不是很高，在计算参考浓度时可以不考虑泥沙浓度对底部紊动的抑制作用，而当模拟大风浪情况下泥沙运动时，底部泥沙浓度较高，只有合理考虑泥沙浓度对底部紊动抑制的影响才能反映实际情况。当紊动强度受泥沙浓度影响而减弱时，必然会反过来影响参考点处浓度的大小。因此，参考浓度的计算也要考虑紊动制约因素，否则计算结果将不能反映实际情况。

考虑到 Lee 等对参考浓度和物理因素间关系的分析具有一般性，这里仍然采用式（4-23）的形式计算参考浓度，但必须重新确定相关参数的取值。目前，能够得到的粉沙参考浓度测量值十分有限，高浓度情况下参考浓度测量值就更少。这里采用赵冲久悬沙实验[5]中黄骅粉沙的 G－J 组数据、Lamb 实验中 S5，S7 ~ S9 和 S11 组次数据[71,72]和文献［68］中两组现场实测数据（表 4-1）。其中，文献［68］数据为 2003 年 4 月 17 日—20 日大风条件下现场测量数据，测量时刻的波浪条件根据以往波浪模拟结果和研究风浪关系的相关公式[193,194]给出。所有数据的泥沙中值粒径在（0.036 ±0.003）mm 范围内。假设式（4-23）中经验系数 B' 仍然取为 1.45。下面主要确定经验系数 A'。图 4-2 显示了系数 A' 最优值和参考浓度之间的关系。

平衡参考浓度数据相关参数　　表4-1

项　目	个　数	h(m)	H(m)	u_w(m/s)	U(m/s)	c_a(kg/m^3)
Lamb 等[71,72]	5	–	–	0.3~0.55	0	12~22
赵冲久[5]	4	0.16/0.25	0.066~0.085	–	0	1.83~8.32
现场测量数据[68]	2	6	1.4/2.3	–	0.4	45/75

根据图4-2可以得到经验系数A'的计算公式为

$$A' = \begin{cases} -0.061c_a + 0.854 & c_a \leqslant 11 \\ -0.0389ln\left(\dfrac{c_a - 10}{111.53}\right) & 11 < c_a < 110 \\ 0.00425 & c_a \geqslant 110 \end{cases} \tag{4-28}$$

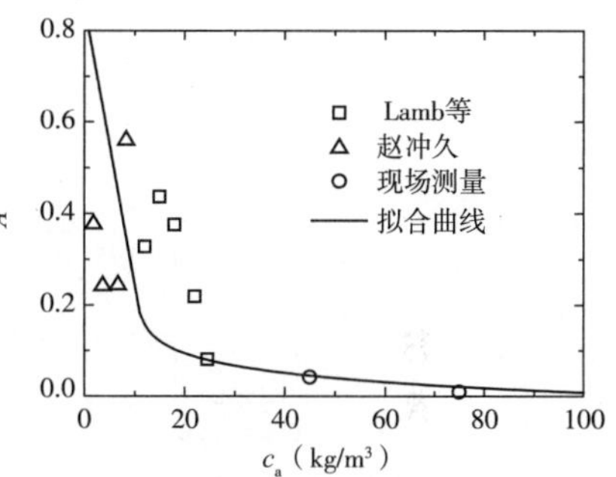

图4-2　经验系数A'的确定

由于考虑浓度抑制紊动影响，式(4-28)中含有待求量c_a，因此该参考浓度表达式为隐函数形式。

4.2.3 数值模拟及结果分析

数值模拟的相关设置如下：上游边界和两侧边界设置为固边界，右侧边界设置为开边界；临上游边界的网格设置为源网格，水流出流量设置为0.02m^3/s，以使航道前平均流速达到0.18m/s，来沙量设置为0.0167kg/s/m；开边界上不设置水位变化；与van Rijn计算方法相同[57]，不考虑波浪在跨越航道时的变化，整个计算区域内设置相同的波浪条件，波高0.08m，周期1.5s；床面泥沙粒径设置为0.1mm，悬沙沉降速度为0.007m/s，沉降概率取为0.5；水平方向，共698个单元，1477个节点，节点间距约为0.25m；垂向采用均匀分层，取为15层；计算时间间隔为0.5s。

航道淤积实验在航道内外共设置了5个测量点(图4-1)。实验初始阶段，对流速和泥沙浓度垂线分布进行了测量。数值模拟需要一定的时间才能达到稳定状态，因此取$t=0.5$h的计算结果与测量值进行比较。

图4-3比较了各测点水平流速计算值和测量值。可见，在0.6倍水深以下，各测点计算结果与实测结果吻合均较好，说明本章采用的三维并行水动力泥沙数学模型能够合理地进行水动力计算。在0.6倍水深以上，计算流速随着高度的增加继续增大，而实测值反而有减小的趋势。这与水动力模型中没有考虑波流相互作用有关，也

与水动力模型中没有考虑尾流影响等因素有关。比较各测点计算值和测量吻合程度可见,在航道外两个测点(1 和 5)吻合程度均高于航道内三个测点(2~4)的吻合程度。其原因可能是当水流进入航道后,受地形突然改变的影响,紊流结构发生了复杂的变化,目前所采用的紊流模型尚难以完全准确描述。不论哪种原因,从航道内流速计算值和测量值相差程度来看都不大,在可以接受的范围内。

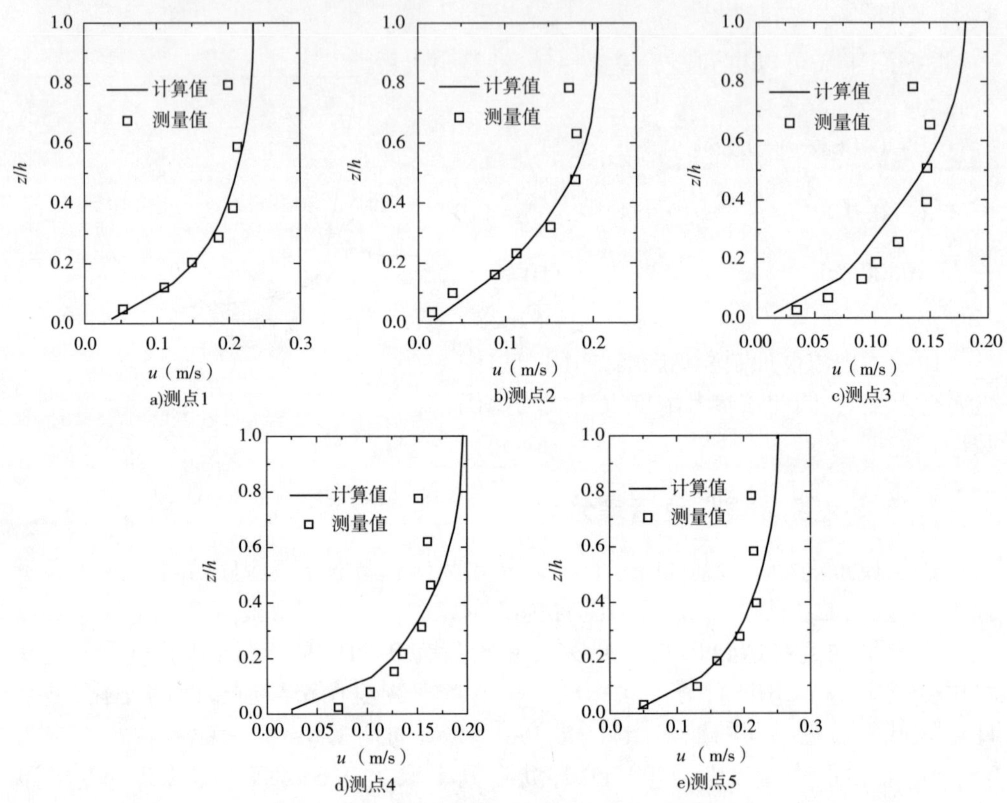

图 4-3　各观测点水平流速计算值和测量值的比较

航道外 1 和 5 两个测点实测最大流速分别为 0. 21m/s 和 0. 22m/s,航道内 2、3 和 4 三个测点实测最大流速分别为 0. 18m/s、0. 15m/s 和 0. 16m/s。模型计算结果也呈现出同样的趋势,1~5 测点计算流速最大值分别为 0. 24m/s、0. 2m/s、0. 18m/s、0. 2m/s 和 0. 25m/s。

为了进一步直观地分析航道对流速的影响。图 4-4 显示了航道内水流水平流速沿程变化。由图可见,水流在穿越航道过程中,水平流速先逐渐减小,在航道中间位置处达到最小值,然后又逐渐增大。图 4-5 显示了航道内垂向断面的流速场,可以明

显地看到，当水流进入航道后，沿航道左边坡有向下的流速分量，在航道底部转为近似水平运动，随后沿右边坡有向上的流速分量。

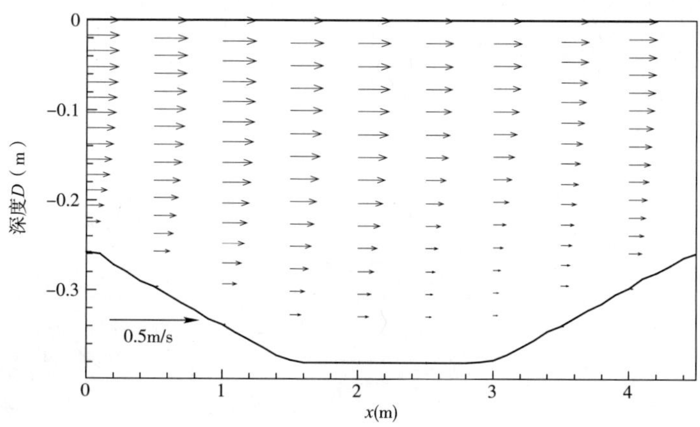

图4-4 航道内水平流速变化图

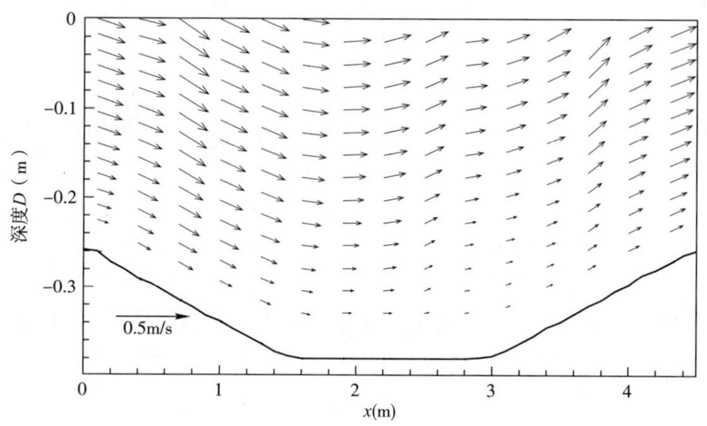

图4-5 航道内垂向断面流速场

图4-6比较了各测点泥沙浓度垂线分布的计算值和测量值。总体来看，计算结果和测量值吻合较好，说明采用第3章建立的波流共同作用下的悬沙垂向分布模型能够得到较为可靠的结果。比较各测点计算值和测量值吻合程度可知，在航道外浅滩上两个测点（1和5）的吻合程度均高于航道内三个测点（2～4）的吻合程度。这与前面水平流速计算值和测量值吻合程度比较的结果是一致的，含沙量差异也受到流速差异的影响。

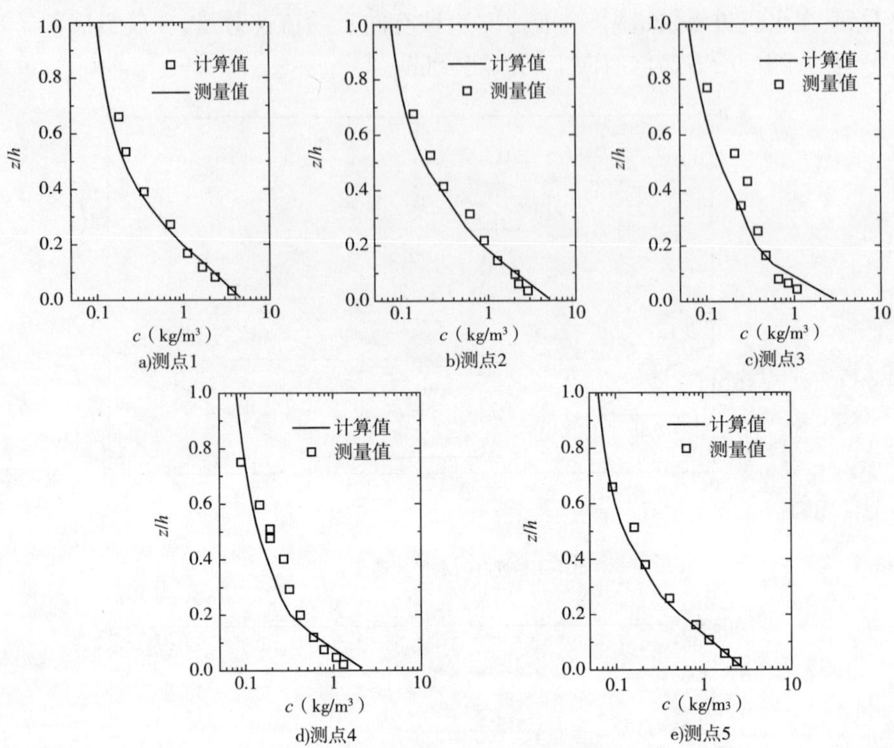

图 4-6　浓度垂线分布计算值和测量值的比较

比较各测点底部最大浓度可见，航道前 1 测点和航道左边坡上 2 测点底部浓度接近，航道内 3 测点底部浓度较前两点明显减小，在右边坡的 4 测点底部浓度比 3 测点还略小，而航道外 5 测点底部浓度又有增大的迹象。0.6 倍水深以上位置，各测点泥沙浓度变化不大，在 0.06 ~ 0.2kg/m^3 范围内。这大致可以说明，泥沙在随水流穿越航道的过程中，底部泥沙逐渐落淤到航道床面上，导致悬沙浓度逐渐减小的事实。

为了更清楚地了解航道内泥沙浓度变化，图 4-7 显示了航道内垂向断面泥沙场。可清楚地看到，泥沙随水流进入航道后，底部泥沙开始沉降，在左边坡坡角附近，底部泥沙浓度达到最大，而后随着沿程泥沙的沉降，底部浓度开始减小。图 4-7中绿色部分大致代表了泥沙浓度为 3 ~ 4kg/m^3 的水体，航道底部这种浓度较高的水体厚度明显高于右边坡位置处的厚度，这表明在航道底部将有较多的泥沙淤积。而在左边坡坡角附近含沙量最高，这暗示着此处淤积厚度最大。比较左右边坡坡顶附近泥沙浓度，右侧泥沙浓度明显小于左侧，而左右两侧水流

条件相当，因此右侧可能形成冲刷。

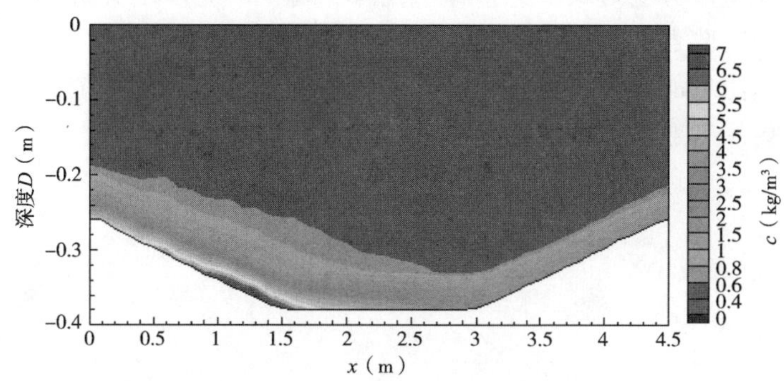

图 4-7　航道内垂向断面泥沙场

图 4-8 显示了波流动力连续作用 10h 后模型模拟和实测的地形冲淤情况。由图 4-8 可知，计算结果与实测值基本吻合。说明本章所建立的泥沙模型较为真实地反映了地形冲淤变化。计算结果也基本证实了前面的推测：在左边坡坡角处淤积厚度最大，约为 0.09m；航道底部有明显的淤积，淤积厚度约为 0.06m；右边坡坡顶附近形成冲刷。

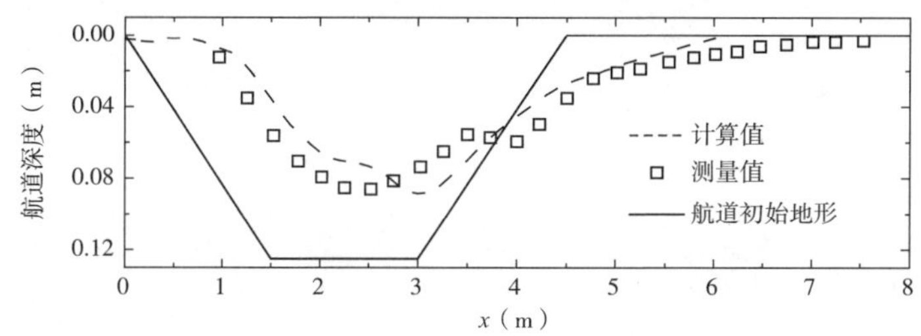

图 4-8　10h 后航道淤积深度

综上所述，本章所组建的模型对 van Rijin 航道淤积实验进行了较为准确的复演，进一步揭示了悬移质泥沙在航道内的运动状态，直观地反映了底部泥沙对航道淤积的重要影响。

4.3　本章小结

本章首先对 Wai 和 Jiang 联合开发的三维并行水动力泥沙数学模型进行了改

进。加入了波浪数据输入模块，并利用本文第 3 章建立的波流共同作用下考虑泥沙制约沉降和泥沙分层现象的悬沙模型对 WJ 模型中泥沙部分进行了改进。然后通过航道淤积实验数据对模型进行了验证，结果表明，改进后的模型能够合理地反映波流共同作用下的航道淤积过程。本章工作为下一章利用数值模拟手段研究粉沙质海岸现场尺度航道淤积奠定了基础。

第 5 章　粉沙质海岸航道淤积机理的模拟研究

航道淤积,特别是短时间内造成的强烈淤积(骤淤),是粉沙质海岸港口正常运营必须面临和解决的关键问题之一。以我国黄骅港为例,自 2002 年 1 月 ~ 2003 年 10 月短短 1 年多的时间内,外航道共发生 6 次骤淤[117],对港口正常运营造成了严重影响。因此,对粉沙质海岸航道泥沙淤积机理进行研究具有重要意义。物理模型实验在航道淤积研究中起着不可替代的作用,但要在物理模型中复演波流共同作用下的悬沙,特别是底部高浓度泥沙,还有很多困难[156]。因此,为了弥补物理模型所受的限制,在泥沙运动基本规律研究的基础上,通过数值模拟的手段进行航道淤积机理的研究不失为一种可行的选择。为此,本章将利用上一章建立的数学模型,重点对粉沙质海岸在强波浪条件下的航道淤积机理进行研究。

5.1　航道淤积机理

国内泥沙界,许多学者如曹祖德[70,154]、刘家驹[119]、罗肇森[120]、窦希萍[156]、张庆河[96]、白玉川[157]、张景新和刘桦[122]等从不同角度对航道淤积问题进行了研究,各家的研究成果深化了对航道淤积问题的认识,有助于对淤积问题进一步研究。

刘家驹[119]将近岸浅水海域航道淤积的主要原因归纳为水动力因素(包括波浪和潮流等)、泥沙因素(包括泥沙组成、含沙量大小等)和工程环境因素三方面,认为实际工程中泥沙淤积的强弱是这三个因素的综合体现。

海岸上航道淤积通常是不平衡输沙引起的[4,125]。浅滩挟沙水流跨越航道时,由于航道中水深增大,打破了原有的平衡状态,水流挟沙能力降低,泥沙沉降,导致航道淤积。恶劣天气条件下,有大风浪存在时,浅滩上水流挟沙能力巨大,进入航道后大量泥沙快速沉积,常常在很短的时间内造成严重的淤积,因此也常常称为骤淤。当强风突然停止,波浪强度陡然减小时,整个风场范围内水体中泥沙都会落淤,进而加剧航道淤积程度。航道淤积原理的描述是简单的[157],但泥沙究竟是如何落淤的,哪部分泥沙是淤积的主要因素,还需从泥沙运动形式和浓度垂线分布角度进行分析。

在航道骤淤问题上,目前很多研究者[70,119-121]都认为与底部高浓度含沙水体有关,但是还存在一些争议,主要是在底部高浓度泥沙以哪种形式运动,进而采用哪种方法进行描述还存在不同认识。

韩西军[121]将靠近床面的底沙看做是推移运动,认为粉沙质海岸上航道淤积与底沙和悬沙都有关。罗肇森[120]认为底沙包括推移质和近底的悬移质两部分,参照窦国仁水流作用下底沙输沙公式计算底沙输沙率,并指出在大风期间的航道淤积除底沙引起的淤积外,悬沙也发生淤积。刘家驹[119]认为粉沙质海岸航道淤积主要是泥沙悬移运动造成的,并将用于淤泥质海岸航道淤积的公式推广应用到粉沙质海岸航道淤积计算,得到了较好的效果。曹祖德等[4]利用山东潍坊港和河北黄骅港两种粉沙的水槽实验,发现在纯水流条件下断面平均流速在0.46~0.73m/s范围内,推移质输沙占总输沙率的18%~30%,并强调计算粉沙质海岸开敞航道的淤积要考虑主水体的悬移质淤积、临底高浓度含沙水体的淤积和推移质淤积三方面内容。最近,曹祖德等[70]在研究复式航道淤积时将粉沙质海岸泥沙在波、流共同作用下高浓度含沙水体运移形态称为流移质,认为它存在于悬移和推移质之间的过渡层,运移形态与悬移质相似,进入航道后全部沉积在航道内,又与推移质相似。

一方面,从曹祖德等[4]水槽实验结果可知,即使在纯流条件下,推移质输沙占总输沙量的比例最大也不超过30%,据此可以推断,当有较强波浪叠加时,底部紊动将更强,悬移质和推移质的比例也会随着波流强度的增大而增大,推移质输沙量所占比例将更小。另一方面,从现场观测和水槽实验均发现,临底高浓度泥沙,可以随水流运动,具有明显的悬移质特性。根据悬移质和推移质的根本区别是运动形式的不同,将其看做是悬移质更为合理,而将高浓度泥沙进入航道后全部沉积,与推移质淤积特性类似的现象,作为判别运动形式的标准并不是十分合适。临底高浓度泥沙进入航道后沉降过程与离床面较远位置处悬移质的沉降原因应该没有本质的区别,都是航道内水深突然增大,水流紊动明显减弱,不能维持原有含沙量造成的,之所以全部落淤可能是因为高浓度泥沙多集中在海床附近,所需沉降时间短而已。此外,水流进入航道后,靠近床面部分流速减小,增加了泥沙沉降时间,也进一步促进了高浓度泥沙的沉降。因此,可以推断粉沙质海岸的航道淤积也主要是悬移质(特别是近底悬沙)所造成的。下面我们将进一步通过模拟结果来说明上述推论的合理性。

5.2 模拟方案的确定

黄骅港位于渤海湾西南岸,是我国西煤东运第二通道出海口,一期工程设计年煤炭出口能力3000万t。黄骅港海域海床表面广泛存在粉沙层,为比较典型的淤泥粉沙质海岸。在港口建设期间，黄骅港外航道曾发生多次强烈的淤积[117]，对港口运营造成一定的影响。下面将参考黄骅港海域及其外航道设置模拟方案。

黄骅港于2000年开始外航道全面疏浚施工，全年外航道挖泥 $1250\times10^4m^3$[160,161]。初期开挖顺利，回淤甚少，至10月底发现外航道回淤严重，至2001年3月，外航道回淤达 $1000\times10^4m^3$。为了解决淤积到航道中的泥沙非常密实而难以疏浚的困难，2001年疏浚航道时从外航道3+0(即口门外3km)处向南偏移4°30′。到2003年10月前，外航道底高程在-3.0m~-12.3m，底宽为140m。2003年10月10日渤海海域连续遭遇两场大风，最大风速达27.5m/s。大风过后，黄骅港外航道测量的航道淤积厚度如图5-1所示。外航道7+500(即口门外沿航道7.5km)处淤积厚度最大，约为3.5m[96]。

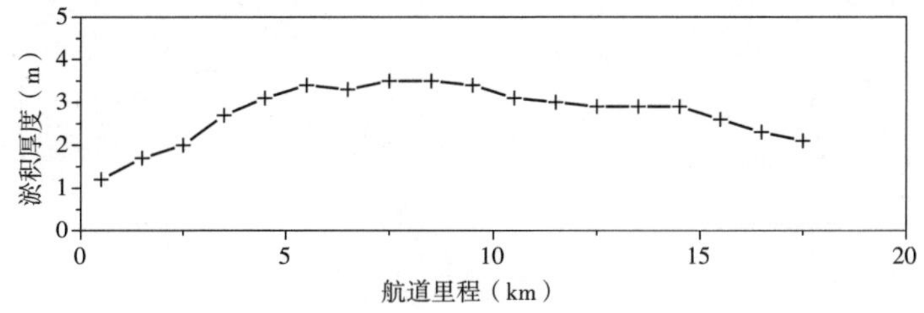

图5-1　2003年10月大风后黄骅港外航道淤积厚度

现场情况下，航道及附近水域水动力条件复杂，水流和波浪因素都随着周围环境的改变而改变，这加大了航道淤积分析的难度和复杂程度。本文主要分析航道淤积机理，暂不考虑复杂水流条件下的航道淤积现象，因此在设计模拟方案时有必要进行适当的简化。参照黄骅港外航道，我们确定了三种模拟方案，计算区域垂向断面如图5-2~图5-4所示。在航道前设置250m长的滩面宽度，航道底宽为140m，两侧边坡坡度为1:7，以平均水面为基准，方案一到三航道深度都为12m。

模拟方案水动力条件设置如下：设置恒定流量的水流，流向垂直于航道；为简化模拟的复杂程度，参照van Rjin航道淤积模型的计算方法[57]，忽略波浪跨越航道时的变化，在整个计算区域内设置相同的波浪条件。根据文献[96]的计算结果，可以确定三个方案中波浪条件分别为：波高3.0m，周期7.5s；波高2.3m，周期7.5s；波高3.5m，周期7.5s；航道前滩面上平均流速约为0.3m/s。三种模拟方案分别与实际海域中-5m、-4m和-8m等深线处的条件接近。因为-5m和-4m等深线位于破波带内，所以方案一和方案二虽然水深相差不多，但波高差较大。

对于黄骅港海域岸滩，1985~1987年测得的底质中值粒径在0.002~0.073mm之间；2001年测得的航道底质中值粒径为0.05~0.005mm[161]。在模型计算中，沉降概率取为0.5，泥沙代表粒径取为0.036mm。

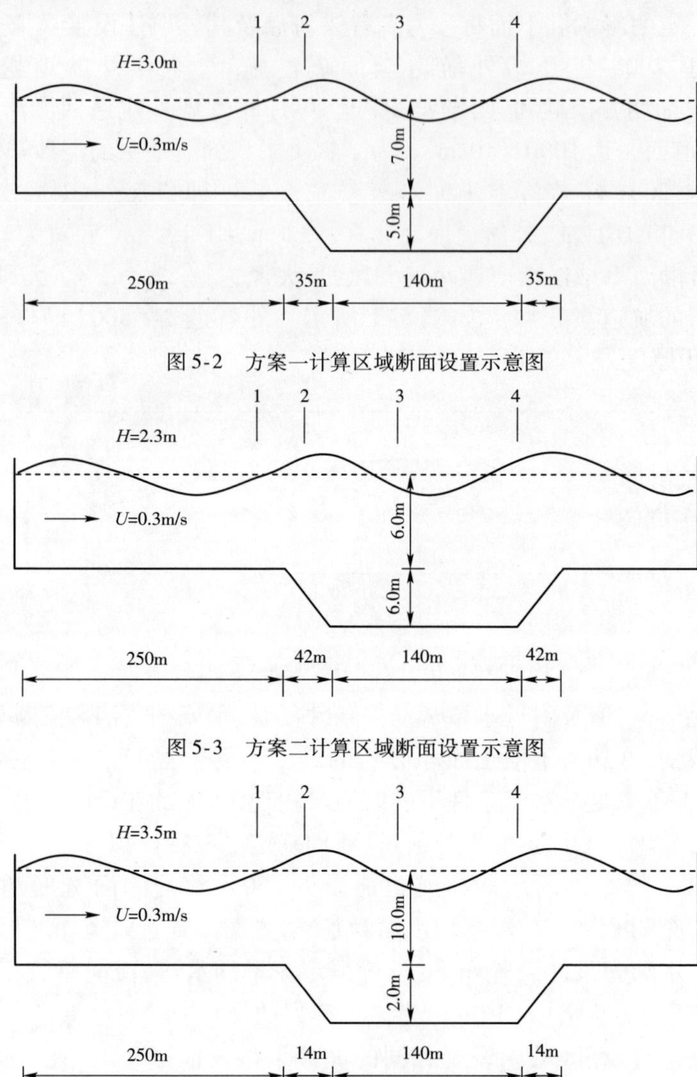

图5-2 方案一计算区域断面设置示意图

图5-3 方案二计算区域断面设置示意图

图5-4 方案三计算区域断面设置示意图

为了便于分析流速和泥沙浓度沿程变化，分别在航道前、航道两侧边坡中间、航道底部中间4个位置处设置观测点。因为在每种情况下水流和波浪条件保持不变，考虑到计算量的限制，计算总时间设置为10h，更长时间的淤积量通过线性折算确定。

5.3　航道淤积模拟结果分析

5.3.1　方案一计算结果分析

方案一为中等航道深度的情况。图 5-5 显示了各测点水平流速计算值。由图可见,水流进入航道后水平流速逐渐减小,在航道中间位置流速最小,而后又略有增大。从流速垂向分布看,水流进入航道后水平流速垂向分布趋于均匀。为了更清楚地显示沿程变化,水流穿越航道时水平流速沿程变化如图 5-6 所示。图 5-7 显示了航道内垂向断面的流速场,可以明显地看到,当水流进入航道后沿航道左边坡有向下的流速分量,在航道底部转为近似水平运动,随后沿右边坡有向上的流速分量。从浅滩 1 测点到左边坡 2 测点,表层水平流速减小约为 12%,当抵达航道底部测点 3 时,表层水平流速与测点 1 相比减小约 24%。

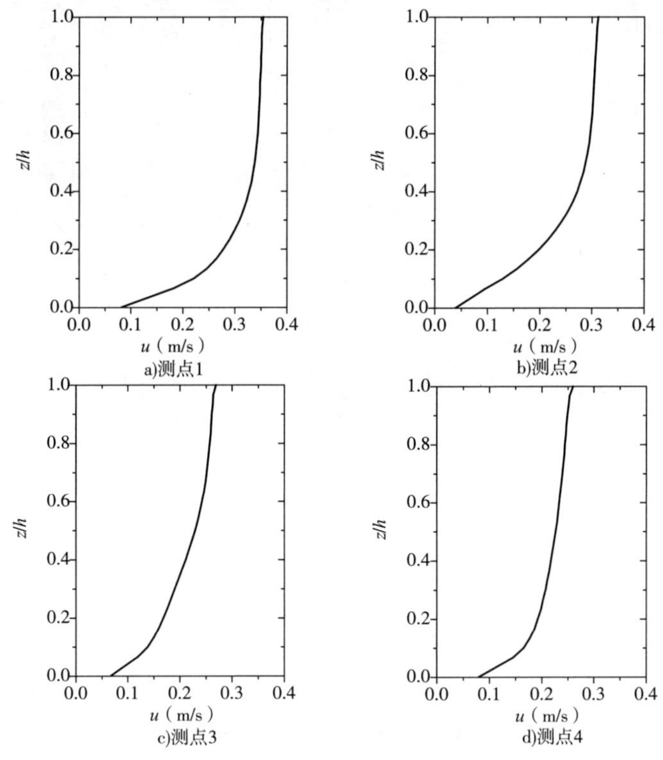

图 5-5　方案一各测点流速垂向分布

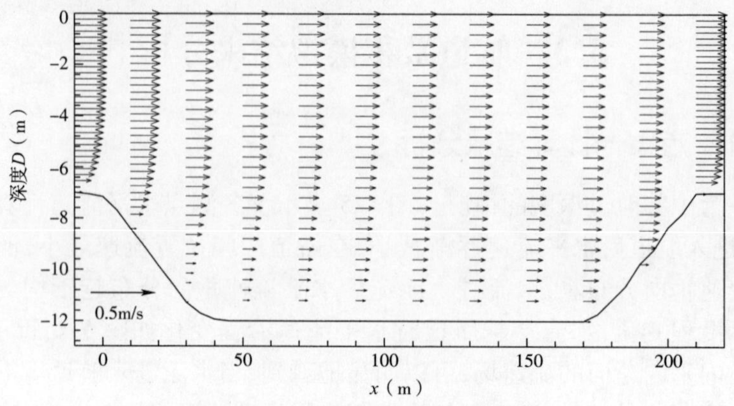

图 5-6　方案一水平流速沿程分布

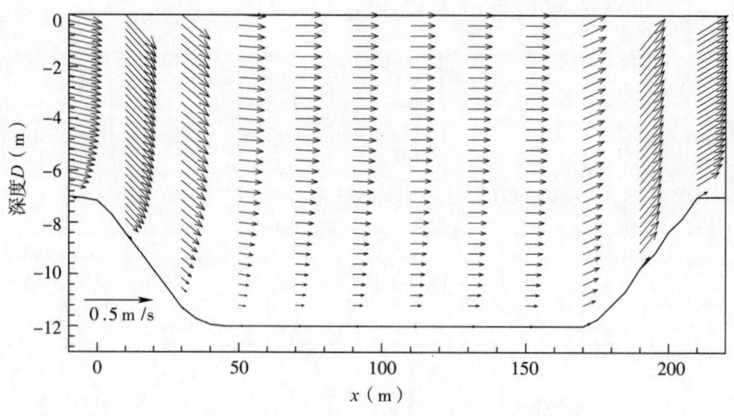

图 5-7　方案一流速场

图 5-8 显示了各测点浓度垂向分布。比较各测点底部最大浓度可见，航道前 1 测点和航道左边坡上 2 测点底部浓度接近，约为 100kg/m^3，航道内 3 测点底部浓度较前两点明显减小，为 60kg/m^3，在右边坡的 4 测点底部浓度比 3 测点还略小，仅为 53kg/m^3。底部泥沙浓度沿程减小的变化正是泥沙不断沉降的结果。因为整个区域内波浪条件没有改变，航道底部水流的饱和挟沙能力基本相同，因此从航道底部泥沙浓度逐渐变小的趋势，还可以推断，航道左侧淤积程度将大于右侧的淤积程度。另外，比较各测点上部水体浓度可见，水流在穿越航道过程中上部水体浓度没有减小反而有增大的趋势。其可能的原因是，航道内波浪悬浮泥沙的能力减小，部分泥沙下沉，由于泥沙颗粒很细，沉降速度很小，仅在 1.0mm/s 左右，水体中泥沙

仅能沉降较小的高度，而上部水体中流速减小明显，不能携带走所有的泥沙，上游又来沙不断，泥沙不断聚积导致上部水体浓度增大，而底部由于泥沙能够沉积在床面上，浓度是减小的。

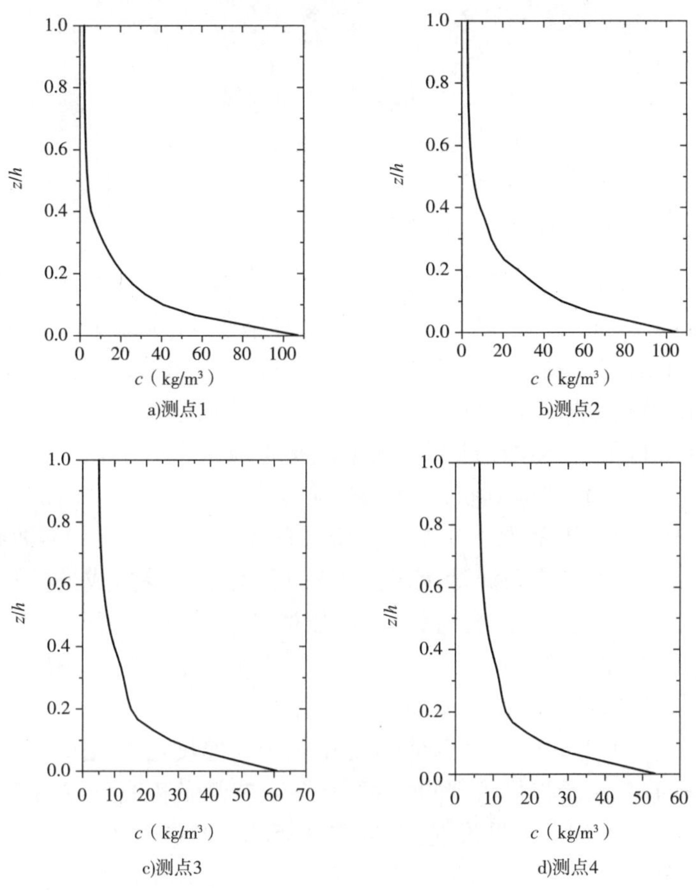

图5-8　方案一各测点泥沙浓度垂向分布

图5-9显示了航道内泥沙浓度场。从图中可以清楚地看到，底部很薄一层浓度大于90kg/m^{3}的水体顺航道左边坡向下运动到航道底部，水体浓度沿程减小；水体中泥沙浓度变化基本与航道地形变化一致。浅滩上距离床面1m内水体泥沙浓度大于40kg/m^3，自进入航道后厚度越来越大，在左边坡坡角附近达到最大，然后逐渐变小。这也预示着，航道内淤积厚度可能左高右低。在航道右边坡上浓度大于40kg/m^{3}水体的厚度已经很薄，将不会形成明显淤积。

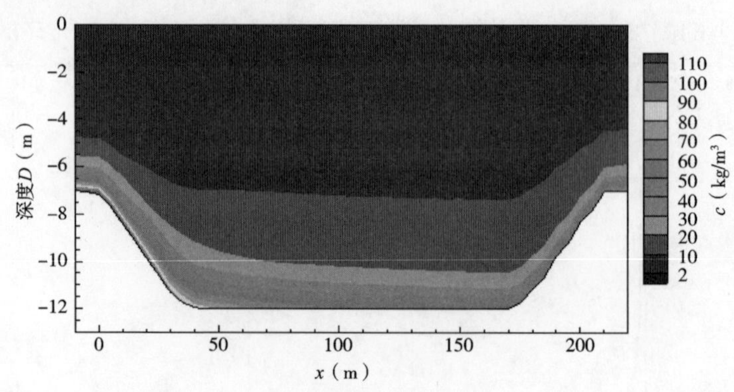

图 5-9 方案一泥沙浓度场

为进一步了解沉积在航道中的泥沙究竟有哪些,在水流进入航道前的浅滩断面上,分别对距离床面高度为 6.9m、5.0m、3.0m、2.0m、1.25m、1.0m、0.8m、0.6m 和 0.3m 处泥沙颗粒的运动轨迹进行 Lagrange 跟踪(图 5-10)。由图可见,浅滩上距离床面 2.0m 以上水体中泥沙都将随水流跨越航道,不能沉积在航道底部;距离床面 1.25m 处泥沙将沉降在航道右边坡;随着高度的减小,泥沙沉降所需长度越小,距离床面 0.3m 以下的泥沙基本都沉降在航道左边坡附近。需要指出的是,上述轨迹计算仅考虑了流速和泥沙沉降速度因素,对紊动等造成的随机因素没有考虑,与实际泥沙运动轨迹可能会有偏差,但依然能够大致反映泥沙运动趋势。从泥沙颗粒的 Lagrange 跟踪结果看,造成航道淤积的泥沙主要是浅滩床面上 1.25m 以内的泥沙,更上部的悬沙对航道淤积基本没有贡献。

图 5-11 显示了 10h 后航道内地形变化。淤积厚度的变化证实了前面的推断是合理的。航道左侧淤积最为严重,达到 0.9m,右侧淤积厚度仅为 0.36m,航道内平均淤积厚度为 0.63m。假设持续时间为 50h,则航道内平均淤积厚度约为 3.15m,与参照位置处的实测结果 3.5m 接近(见后面章节的图 5-23)。

从图 5-11 中还发现右边坡坡顶处有冲刷现象。比较图 5-9 左右边坡坡顶附近泥沙浓度,右侧泥沙浓度明显小于左侧,而左右两侧水流条件相当,所以右侧边坡坡顶才出现冲刷现象。现场动力条件下,因为潮位涨落变化,水流流向也呈往复变化,某些时刻水流从航道左侧流入,某些时刻水流改为从航道另外一侧流入。这样航道两侧边坡一般都只有淤积发生,不会出现冲刷现象。而航道底部泥沙淤积厚度也将呈现两侧淤积厚度大于或等于航道中间淤积厚度的情况,而不是一边高一边低。本书主要针对概化条件下悬移质特别是底部高浓度泥沙在航道淤积中的作用进行分析,有关现场情况下复杂波浪和水流变化造成的航道淤积问题将在以

后进一步深入研究。

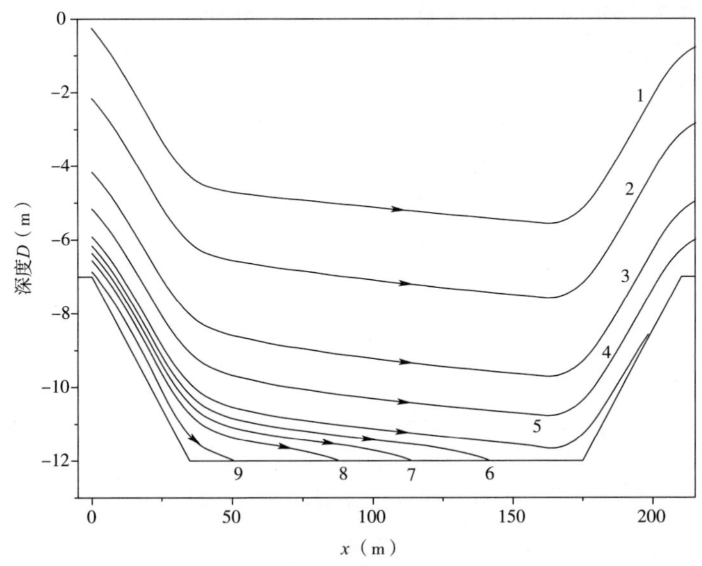

图5-10 不同高度处沉降泥沙运动轨迹

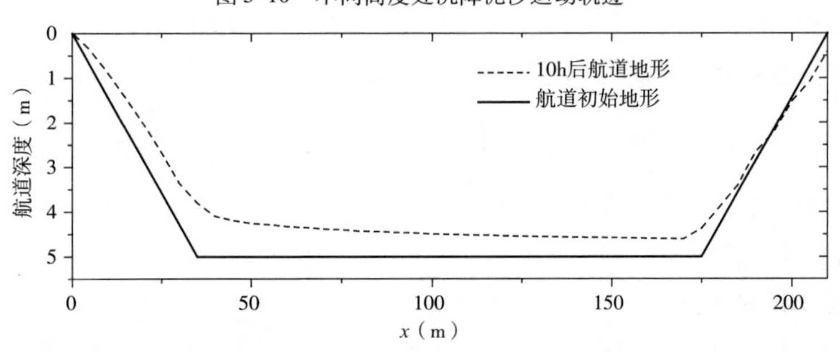

图5-11 方案一10h后航道地形变化

此外，实际情况下，由于边坡坡度较陡，边坡上落淤的部分泥沙可能在重力作用下运动到航道底部。而本书的数学模型中没有考虑重力对落淤后泥沙的作用，因此可能较高地估计了边坡上的淤积厚度。

从计算初始到浓度达到平衡状态大约需要20min的计算时间。图5-12显示了航道前浅滩上泥沙浓度达到平衡过程中4个不同时刻(1min、5min、10min和20min)的扩散系数和浓度垂向分布变化。由图5-12可见，随着时间的增加，浓度逐渐增大，扩散系数在逐渐减小，反映了泥沙抑制紊动的作用。为了更清楚地反映浓度增大，扩散能力减弱现象，表5-1列出了4个时刻距离床面分别为0.1h、0.2h、

0.3h 和 0.4h 处的扩散系数。

扩散系数 ε(m^2/s)随时间变化　　表 5-1

项　目	0.1h	0.2h	0.3h	0.4h
1min	0.0042	0.0125	0.0247	0.0434
5min	0.0035	0.0104	0.0213	0.0391
10min	0.0032	0.0095	0.0196	0.0363
20min	0.0030	0.0091	0.0190	0.0355

为了分析推移质泥沙对航道淤积的作用,下面分别用 vanRijn[162] 和 Bijker[163] 的波流共同作用下的推移质输沙公式对可能进入航道的推移质输沙量进行估计。

van Rijn[162] 推移质输沙量公式适用于粉沙,其形式为

$$q_{\mathrm{b}} = \gamma \rho_{\mathrm{s}} f_{\mathrm{silt}} d_{50} D_{*}^{-0.3} \left(\frac{\tau_{\mathrm{b,cw}}}{\rho} \right)^{0.5} \left(\frac{\tau_{\mathrm{b,cw}} - \tau_{\mathrm{b,cr}}}{\tau_{\mathrm{b,cr}}} \right)^{\eta} \tag{5-1}$$

式中,q_{b} 为推移质输沙率;f_{silt} 为粒径系数;$\tau_{\mathrm{b,cw}}$ 为波流共同作用下底部剪切力,$\tau_{\mathrm{b,cr}}$ 为泥沙起动临界剪切力,按照 Miller[164] 等提出的公式计算;$D_{*} = d_{50}/[(s-1)g/\nu^2]^{1/3}$,$\nu$ 为运动黏滞系数;γ 和 η 为经验系数,分别取为 0.5 和 1.0。波流共同作用下剪切力计算参考文献[162]。

Bijker[163] 推移质输沙量公式在国外工程界应用广泛[165],其形式为

$$q_{\mathrm{bV}} = C_{\mathrm{b}} d_{50} \left(\frac{\mu_{\mathrm{c}} \tau_{\mathrm{b,c}}}{\rho} \right)^{0.5} \exp\left(-0.27 \frac{(\rho_{\mathrm{s}} - \rho) g d_{50}}{\mu_{\mathrm{c}} \tau_{\mathrm{b,cw}}} \right) \tag{5-2}$$

式中,q_{bV} 为以体积计的推移质输沙率;$\tau_{\mathrm{b,c}}$ 为纯流条件下的底部剪切力;μ_{c} 为考虑沙纹床面的修正系数,取为 1;C_{b} 为考虑波浪破碎因素的修正系数,这里不考虑破碎因素,取为 5.0。

根据模拟结果可知,航道前浅滩上平均流速为 0.3m/s,波高和周期分别为 3.0m 和 7.5s。式(5-1)和式(5-2)的计算结果分别为 0.3kg/m/s 和 0.01kg/m/s。根据 van Rijn 公式计算结果,按 10h 推算,单位宽度上进入航道的推移质总输沙量为 10800kg,若均匀分布在 140m 宽的航道底部,则淤积厚度为 0.061m,与高浓度泥沙淤积厚度 0.63m 相比较,可见推移质输沙对航道淤积的影响不大。按 Bijker 公式计算结果推算的淤积厚度约为 0.002m,比 van Rijn 公式计算结果小很多。考虑到目前对推移质输沙认识水平的限制,虽然两家公式计算结果相差较大,但都说明了粉沙质海岸泥沙仅有少量以推移形式运动,推移质输沙不是航道淤积的主要原因。两家公式计算结果差别较大的原因还不十分清楚,需对推移质输沙做进一步研究。

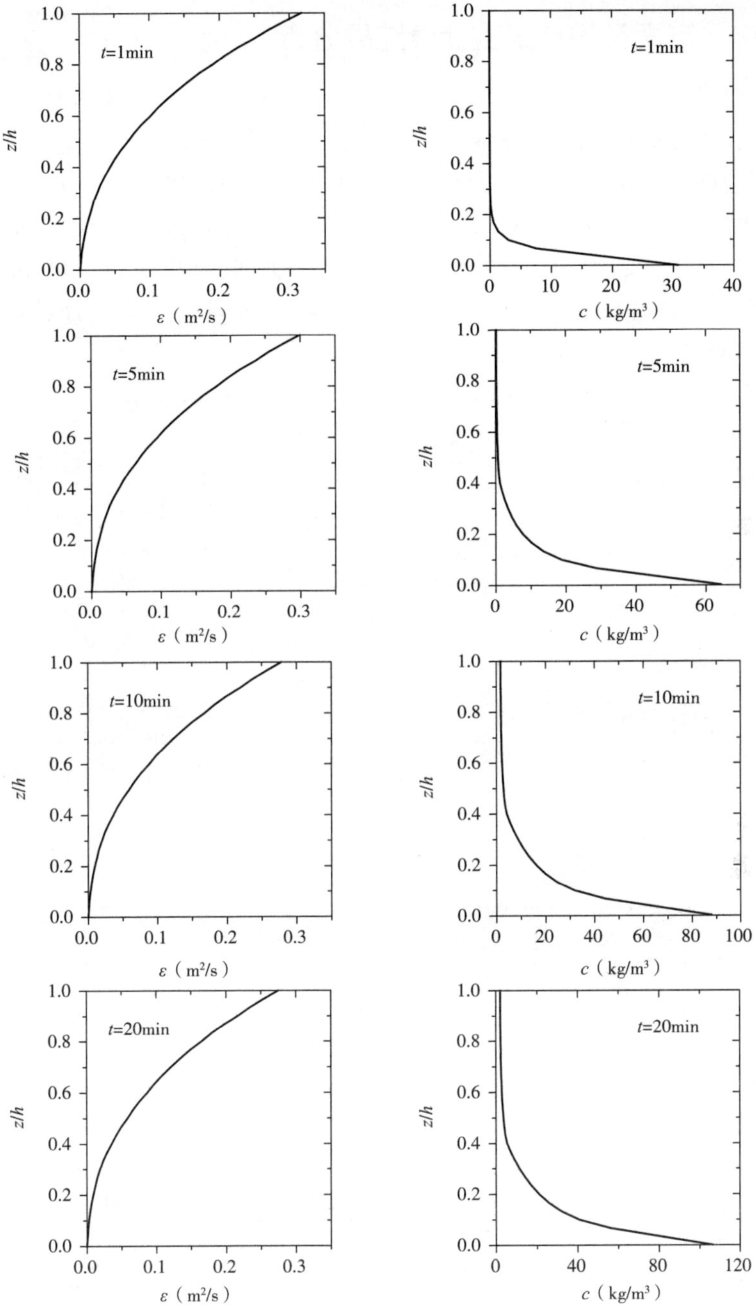

图 5-12　初始 4 个时刻扩散系数和浓度垂向分布

5.3.2 方案二和方案三计算结果分析

下面,对另外两种方案航道淤积的计算结果进行分析。从图5-13～图5-16可见,方案二和方案三航道内水流的变化趋势和方案一基本相同,水流从左侧进入航道后,在左边坡上有向下的流速分量,在航道底部转为水平运动,随后在右边坡有向上的流速分量。三种情况不同之处表现在,航道与浅滩相对深度不同,水流变化程度不同,相对深度越大,水流变化越显著。方案三航道相对深度最小,仅为2m,水平流速在上部水体变化相对较小,水流跨越航道时向下的流速分量也没有方案一和方案二明显。

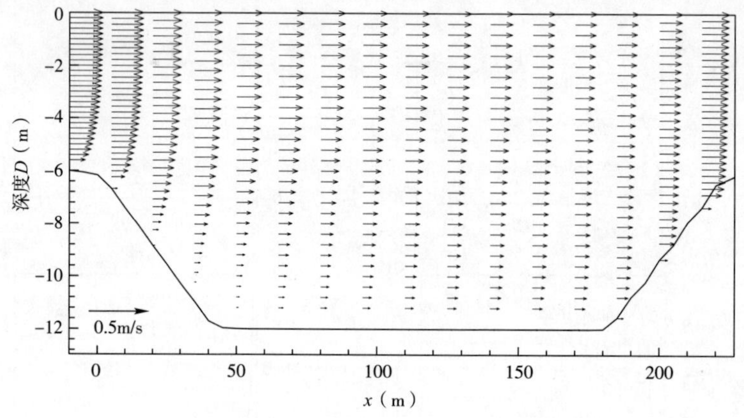

图5-13　方案二水平流速沿程分布

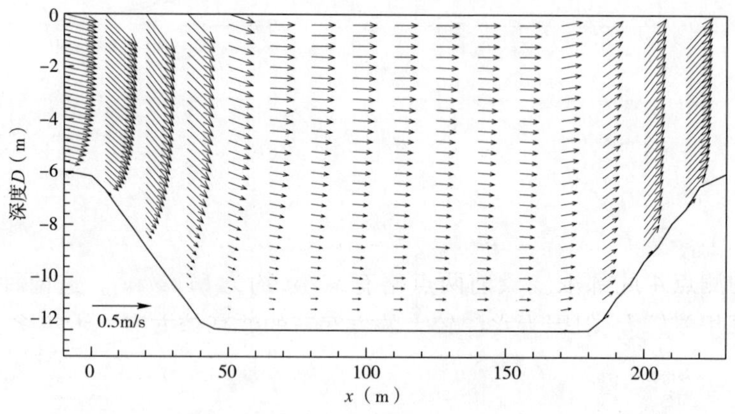

图5-14　方案二流速场

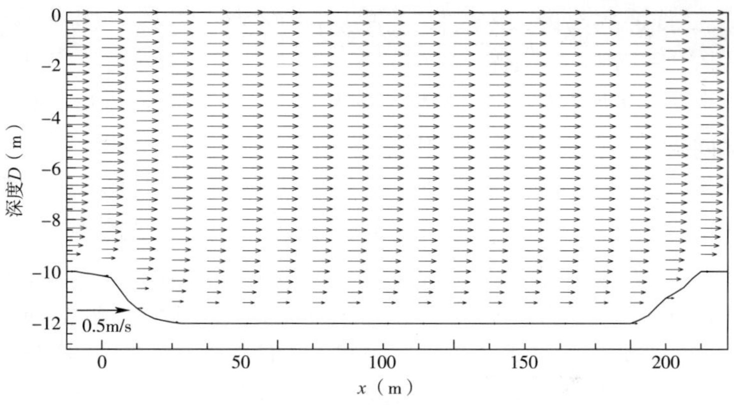

图5-15　方案三水平流速沿程分布

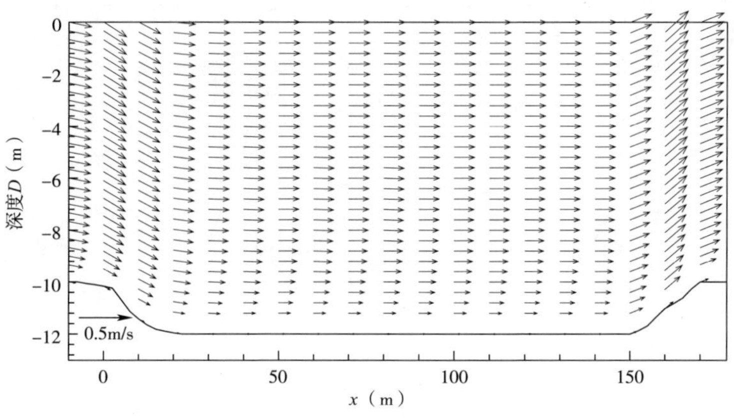

图5-16　方案三流速场

图5-17和图5-18分别显示了方案二和方案三不同观测点泥沙浓度垂向分布。方案二航道前测点1和航道左边坡上测点2底部浓度接近，约为70kg/m³，航道内测点3和右边坡的测点4底部浓度较前两点明显减小，约为30kg/m³。方案三航道前测点1和航道左边坡上测点2底部浓度接近，约为73kg/m³，航道内测点3和右边坡的测点4底部浓度较前两点略有减小，约为61kg/m³。这两种方案虽然浅滩上水深相差较大，但因为水深较大的方案三的波高较方案二大很多，所以两种情况下浅滩上底部泥沙浓度较为接近。而从航道内底部浓度的比较可见，因为方案二航道内外水深相差较方案三大，所以方案二航道内浓度较方案三明显偏小。方案二与方案一比较，两种情况下航道外浅滩上水深相差不大，但因为方案二波高

小,所以方案二浅滩底部最大浓度比方案一小约 30%。方案三虽然波浪强度比方案一大,但是方案三滩面水深较方案一增大了 43%,因此方案三浅滩底部泥沙浓度比方案一也小,约为 27%。从以上比较可见,航道内外地形的变化和水动力条件的变化共同决定了泥沙浓度的变化。

交通运输部天津水运科学研究院在 2003 年 4 月 17 ~20 日在黄骅港外航道南滩上利用定时自动采集器对大风期间的含沙量进行了测量[68]。测量期间,8 级大风历时 11h,测量所在位置水动力条件与方案二浅滩情况接近。我们把该次一组测量结果点绘在图 5-17a) 中,由图可见,计算结果接近测量值。除去一些不确定因素,如恶劣天气条件时现场测量的不准确性以及模拟计算中未全面考虑现场包含的所有影响因素等,比较结果说明模拟结果较为合理地反映了实际情况。

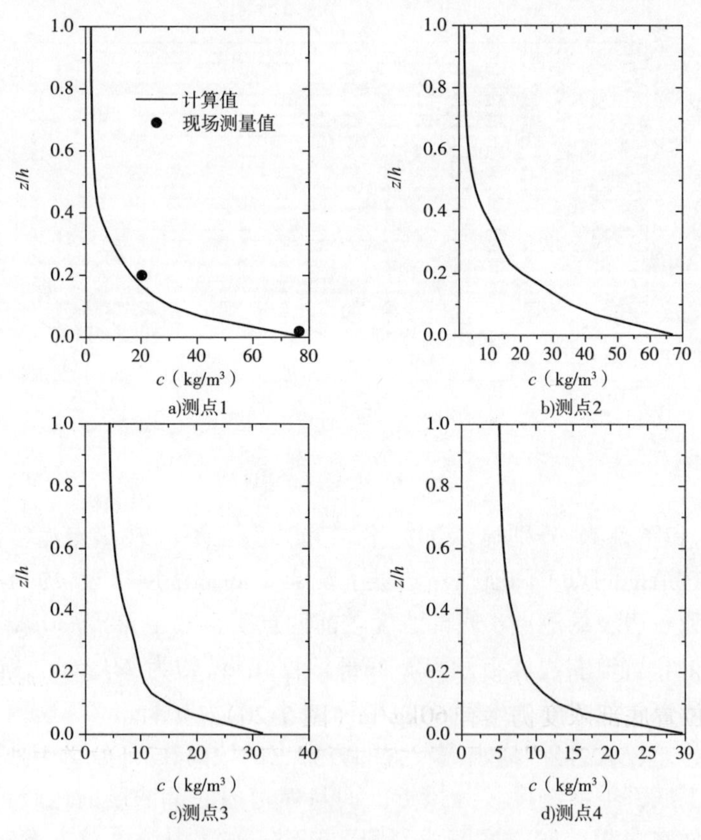

图 5-17　方案二各测点泥沙浓度垂向分布

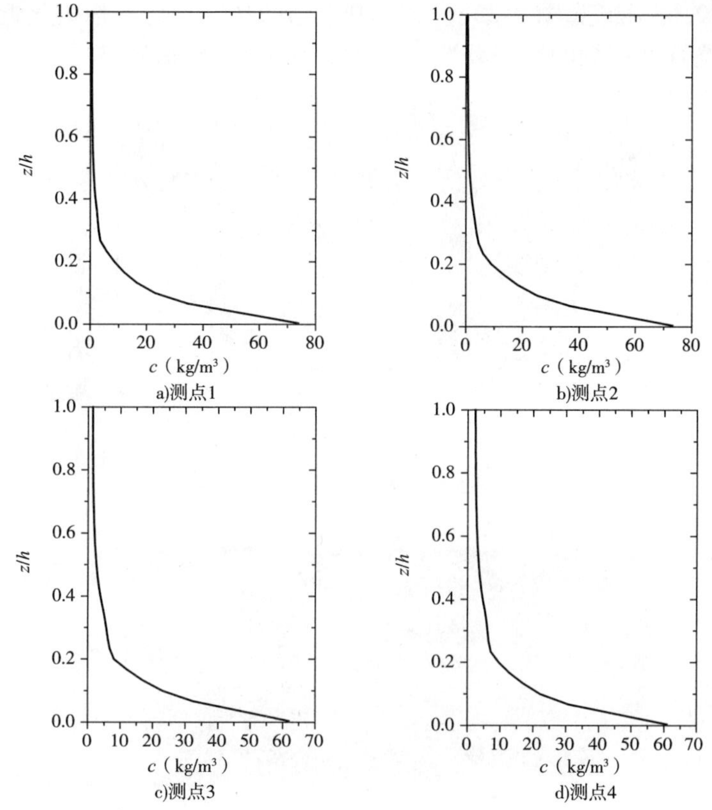

图5-18　方案三各测点泥沙浓度垂向分布

图5-19和图5-20分别显示了方案二和方案三航道内泥沙场，与方案一（图5-9）进行比较可见，三个方案的浓度沿程变化趋势基本相同，都表现为进入航道后泥沙浓度沿程减小。不同之处表现在变化程度上，航道内外相对水深越大，底部泥沙浓度变化越明显，相对水深越小，底部泥沙浓度变化越缓慢。其原因是相对水深越大，航道内较航道外滩上水流紊动强度减小也越快，则泥沙沉降的也越快，所以方案二中浓度大于60kg/m^{3}的部分在左边坡中间位置就消失了（图5-19），而方案一中浓度大于80kg/m^{3}的部分到左边坡底部才消失（图5-9），方案三航道挖深最浅，在航道中间位置底部浓度仍然有60kg/m^3（图5-20）。

图5-21和图5-22分别显示了方案二和方案三10h后处航道内地形变化。两者也呈现出左侧淤积厚度大，右侧淤积厚度小的变化，其原因已经在方案一的分析中说明。两方案10h后航道平均淤积厚度分别为0.32m和0.3m。假设持续时间为50h，则航道内平均淤积厚度将分别达到1.6m和1.5m，与参照位置处的实测结

果 1.85m 和 2.0m 接近(图 5-23)。考虑到本书的计算只是一种概化近似,可以认为考虑底部高含沙影响的三维数学模型较好地预测了航道淤积。

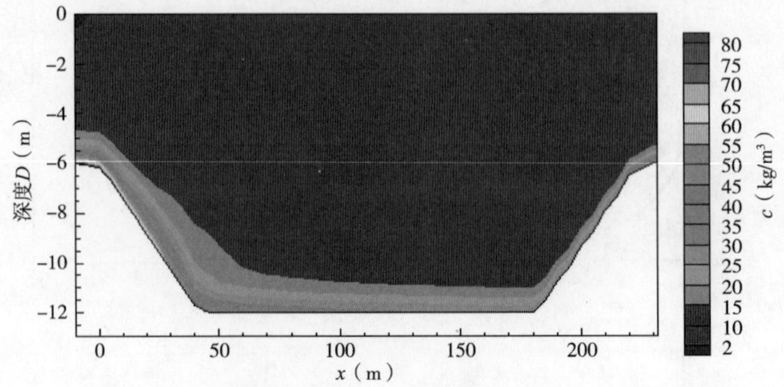

图 5-19　方案二泥沙浓度场

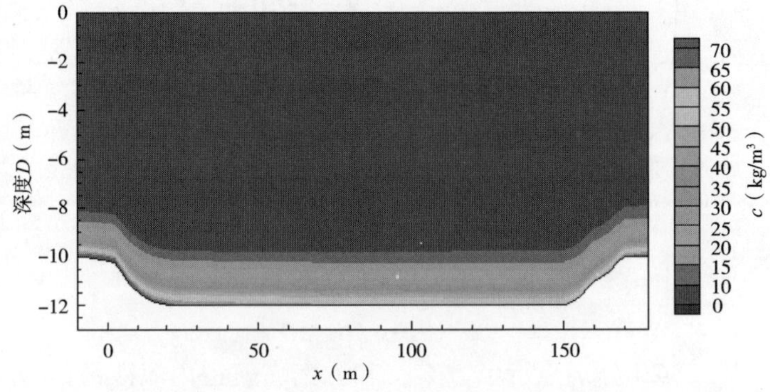

图 5-20　方案三泥沙浓度场

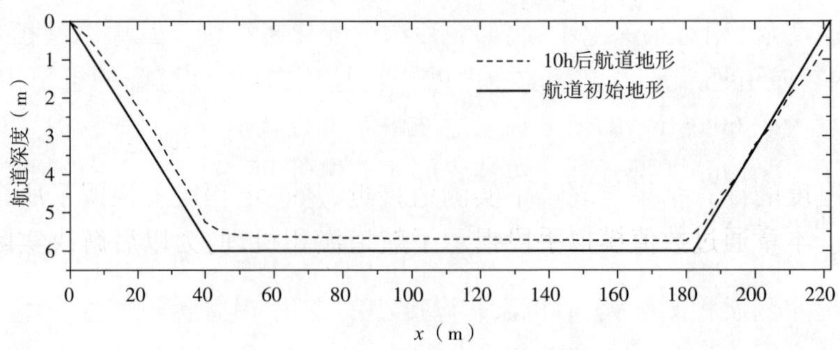

图 5-21　方案二 10h 后航道地形变化

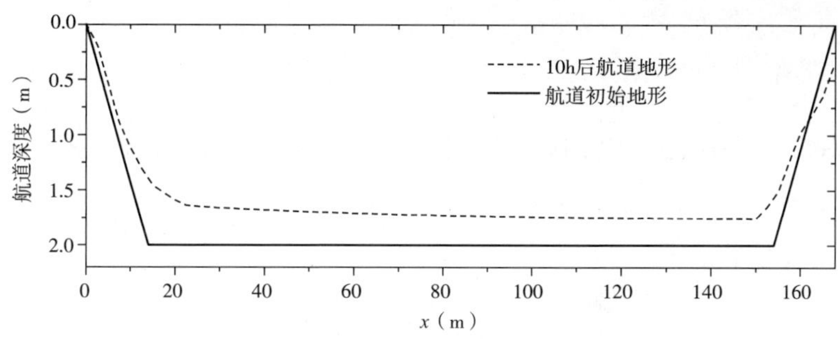

图5-22　方案三10h后航道地形变化

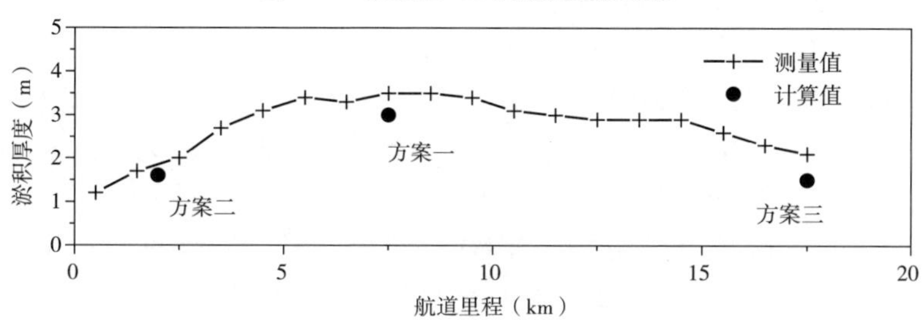

图5-23　模拟结果与参考位置实测结果的比较

5.4　本章小结

本章以概化粉沙质海岸大风过程航道淤积为例，针对悬移质特别是高浓度含沙水体在航道淤积中的作用进行了模拟和分析。参照黄骅港外航道设置了三个具有代表性的航道断面，进行了概化条件下的计算。计算结果表明，强浪是形成底部高浓度含沙水体的根本原因，其浓度高达60～100kg/m³；高浓度含沙水体厚度受水深和波浪强度的影响，从计算结果来看，浅滩上含沙量大于20kg/m³的水体厚度在0.8m～1.25m之间，为0.1～0.2倍水深。从Lagrange跟踪泥沙运动轨迹可发现，航道淤积主要是底部高浓度水体在航道内不平衡输沙造成的，上部泥沙不起作用。从推移质输沙量的初步估计可知，推移质输沙不是造成航道淤积的主要原因。航道淤积厚度的计算结果与现场中实测值接近，从一定程度上证明了所建立模型的合理性。本章通过数值模拟手段揭示了航道淤积机理，为以后解决实际工程问题打下了良好的基础。

第 6 章　粉沙质海岸泥沙运动的挟沙能力模型

"挟沙能力"这一概念最早是在河流泥沙运动研究中提出的,表示在一定的水流及边界条件下,能够通过河段下泄的泥沙总量。该方法的优点在于直接建立含沙量与水流强度之间的关系,避免描述泥沙悬浮过程,便于应用。从 Gilbert (1914)[77]最初的挟沙能力水槽实验开始,随着水流紊动和泥沙运动机理研究的不断深入,挟沙能力公式也从纯经验公式逐渐发展为带经验假定的理论公式。后来在河口、海岸泥沙研究中也引入了挟沙能力方法。由于挟沙能力公式较为简便,目前在河口、海岸二维泥沙数学模型的研究中也得到了广泛应用[91,93,96]。河口海岸地区情况更为复杂,除潮流作用外,波浪往往对泥沙悬浮起到重要作用,建立波流共同作用下的挟沙能力公式无疑有着重要意义。本章将主要针对目前得到较为广泛应用的窦国仁等[80]提出的波流挟沙能力公式进行修正,以使该公式更为合理地反映海岸地区泥沙运动规律。

6.1　潮流挟沙能力

6.1.1　挟沙能力公式的建立

关于窦国仁潮流挟沙能力公式的建立,已有文献进行过讨论[80],为了对挟沙能力概念有较深入的认识,这里仍给出推导过程。考虑二维情况,定义图 6-1 所示坐标系,则二维水流的 Reynolds 方程为

$$\frac{\partial U}{\partial t}+U\frac{\partial U}{\partial x}+V\frac{\partial U}{\partial z}=g\sin\theta-\frac{\partial}{\partial x}\left(\frac{P}{\rho}\right)+\frac{\partial}{\partial x}(-\overline{u'^2})+\frac{\partial}{\partial z}(-\overline{u'v'})+\nu\nabla^2U \tag{6-1}$$

$$\frac{\partial V}{\partial t}+U\frac{\partial V}{\partial x}+V\frac{\partial V}{\partial z}=-g\cos\theta-\frac{\partial}{\partial y}\left(\frac{P}{\rho}\right)+\frac{\partial}{\partial x}(-\overline{u'v'})+\frac{\partial}{\partial z}(-\overline{v'^2})+\nu\nabla^2V \tag{6-2}$$

式中,U 和 V 分别为 x 和 z 方向的平均流速;u' 和 v' 为脉动流速;P 为平均压力;ρ 为流体密度;g 为重力加速度;ν 运动黏质系数;θ 为床面与水平面夹角;∇^2 为拉普拉斯算子。对于恒定均匀流,则有 $\partial/\partial t=0$,$\partial/\partial x=0$,$V=0$。由式(6-1)可得

$$g\sin\theta + \frac{\partial}{\partial z}(-\overline{u'v'}) + \nu\frac{\partial^2 U}{\partial z^2} = 0 \tag{6-3}$$

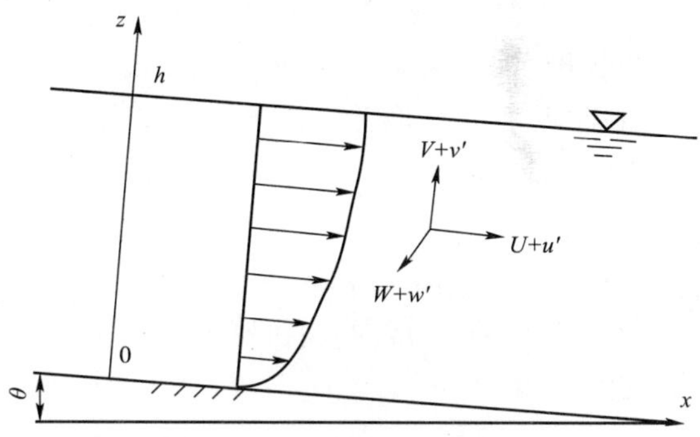

图6-1　坐标系示意图

在 z 方向上积分得

$$-\overline{u'v'} + \nu\frac{\partial U}{\partial z} = -g\sin\theta z + c_1 \tag{6-4}$$

式中，c_1 为积分常数。考虑床面边界条件

$$\frac{\tau_0}{\rho} = -\overline{u'v'} + \nu\frac{\partial U}{\partial z}\bigg|_{z=0} = ghJ = u_*^2 \tag{6-5}$$

式中，τ_0 为床面剪切应力；J 为水力坡降；u_* 为摩阻流速。均匀流时，$J = \sin\theta$。于是可确定积分常数 c_1，式(6-4)化为

$$\frac{\tau}{\rho} = -\overline{u'v'} + \nu\frac{\partial U}{\partial z} = \frac{\tau_0}{\rho}\left(1 - \frac{z}{h}\right) \tag{6-6}$$

对于二维均匀流，紊动能量的生成 G 和耗散 E 分别为

$$G = -\overline{u'v'}\frac{\partial U}{\partial z} \tag{6-7}$$

$$E = \nu\left(\frac{\partial U}{\partial z}\right)^2 \tag{6-8}$$

将式(6-4)乘以水平流速梯度 $\partial U/\partial z$，沿水深积分得

$$\int_0^h G\mathrm{d}z + \int_0^h E\mathrm{d}z = \int_0^h \frac{\tau}{\rho}\frac{\partial U}{\partial z}\mathrm{d}z = u_*^2 U_\mathrm{m} = \frac{\tau_0}{\rho}U_\mathrm{m} \tag{6-9}$$

式中，U_m 为水深平均流速，其表达式为

$$U_m = \frac{1}{h}\int_0^h U\mathrm{d}z \tag{6-10}$$

式(6-9)说明恒定均匀流的能量损失包括两部分:紊动的产生和直接的黏性耗散。

在挟沙水流中,保持泥沙悬浮而需要的能量(悬浮功)来自紊动能量的生成 G,而不是直接来自水流的势能,即悬移质不额外消耗水流的势能[168,169]。紊动能是水流已经消耗的能量,因此泥沙的交换并不影响总的能量平衡。从能量角度研究泥沙运动时,应该注意这一部分能量不应重复计算[10]。设悬浮功 R_1 占水流能量损失的比例为 β_1,则

$$R_1 = \beta_1 \tau_0 U_m \tag{6-11}$$

若饱和状态下,泥沙浓度垂向分布为 c_s,沉降速度为 ω_s,则单位时间内单位底面积上悬浮泥沙所需的能量为

$$R_s = \int_0^h \frac{\rho_s - \rho_0}{\rho_s} g c_s \omega_s \mathrm{d}z = \frac{\rho_s - \rho_0}{\rho_s} g \omega_s \int_0^h c_s \mathrm{d}z \tag{6-12}$$

式中,ρ_0 为水的密度。根据挟沙能力的定义,可知挟沙能力 S_c 就是饱和状态下的含沙量,可由水深平均饱和含沙量表示[76],即

$$S_c = \frac{1}{h}\int_0^h c_s \mathrm{d}z \tag{6-13}$$

平衡状态下,$R_1 = R_s$,则由式(6-11)~式(6-13)可得挟沙能力公式为

$$S_c = \frac{\beta_1 \rho_s \tau_o U_m}{(\rho_s - \rho_0) g h \omega_s} \tag{6-14}$$

谢才公式直接建立了水深平均流速与水力坡度的关系

$$U_m = C\sqrt{RJ} \tag{6-15}$$

式中,C 为谢才(Chezy)系数;R 为水力半径,潮流情况下,$R = h$。由式(6-5)和式(6-15)可得

$$\tau_0 = \rho g \left(\frac{U_m}{C}\right)^2 \tag{6-16}$$

于是,结合式(6-14)可得窦国仁潮流挟沙能力公式[80]

$$S_c = \beta_1 \frac{\rho_s \rho}{\rho_s - \rho_0} \frac{U_m^3}{h \omega_s C^2} \approx \beta_1 \frac{\rho_s \rho_0}{\rho_s - \rho_0} \frac{U_m^3}{h \omega_s C^2} \tag{6-17}$$

式中,β_1 由实测数据确定,窦国仁等[80]建议取为0.023。由式(6-17)可见,挟沙能力与流速 U_m 的三次方成正比。若床面粗糙度不变(则 C 不变),流速增大1倍时,挟沙能力将增大到8倍;反之,流速突然减小1倍,则挟沙能力将减小至1/8。Winterwerp[76]用系列数值实验也证实了挟沙能力与流速 U_m 的三次方成正比的关系

$$S_c = K_s \frac{\rho_s \rho}{\rho_s - \rho_0} \frac{U_m^3}{gh\omega_s} \tag{6-18}$$

式中，K_s 为比例系数，取值范围为 $K_s\rho\rho_s/(\rho_s-\rho_0)=O\{0.1-1\}$[75]。比较式(6-17)和式(6-18)可知

$$K_s = \frac{\beta_1 g}{C^2} \tag{6-19}$$

从 K_s 的变化范围可见，谢才系数对挟沙能力的影响也很明显，应该谨慎对待。

若采用无量纲摩阻系数 c_f，床面剪切应力为

$$\tau_0 = \rho c_f U_m^2 \tag{6-20}$$

则潮流挟沙能力公式还可以表示为

$$S_c = \beta_1 \frac{\rho_s \rho}{\rho_s - \rho_0} \frac{c_f U_m^3}{gh\omega_s} \approx \beta_1 \frac{\rho_s \rho_0}{\rho_s - \rho_0} \frac{c_f U_m^3}{gh\omega_s} \tag{6-21}$$

式(6-17)和式(6-21)没有本质上的区别，只是由不同的参数来反映床面摩阻对挟沙能力的影响。

6.1.2 谢才系数和摩阻系数的确定

许多学者对谢才系数进行研究，得到一系列经验公式。其中，最为简便而应用广泛的是满宁(Manning)公式

$$C = \frac{1}{n} R^{\frac{1}{6}} \tag{6-22}$$

式中，n 为反映壁面粗糙对水流影响的系数，称为粗糙系数，工程上称为糙率。由式(6-17)可知，挟沙能力与粗糙系数的平方成正比，因此采用满宁公式对谢才系数进行计算，粗糙系数的合理确定显得尤为重要。通常，采用实测泥沙含量数据对粗糙系数进行校核。

若流速分布公式采用对数分布，则有

$$\frac{U_m}{u_*} = \frac{1}{\kappa}\left[\ln\left(\frac{h}{z_0}\right) - 1\right] \tag{6-23}$$

式中，κ 为卡门常数；z_0 为流速等于零处距床面的距离，可由下式确定

$$z_0 = \frac{k_s}{30} \tag{6-24}$$

式中，k_s 为床面 Nikuradse 等价粗糙度。

由式(6-5)和式(6-20)可得

$$\frac{U_m}{u_*} = \frac{1}{\sqrt{c_f}} \tag{6-25}$$

进而结合式(6-23)可得摩阻系数表达式

$$\frac{1}{\sqrt{c_f}} = \frac{1}{\kappa}\left[\ln\left(\frac{h}{z_0}\right) - 1\right] \tag{6-26}$$

则由式(6-16)、式(6-20)和式(6-26)得谢才系数与摩阻系数的关系

$$C = \sqrt{\frac{g}{c_f}} = \frac{\sqrt{g}}{\kappa}\left[\ln\left(\frac{h}{z_0}\right) - 1\right] \tag{6-27}$$

由式(6-27)可知,谢才系数不仅与床面粗糙程度有关,当泥沙浓度较高,对水流结构产生明显影响时,与卡门常数 κ 的变化也相关。这与最近的研究观点是一致的[170],即虽然挟沙水流的阻力系数在没有流速分布数据时,也能够从其他测量数据中推求出来,但是悬移质对阻力系数的影响是通过流速分布来反映的,只有从流速分布入手,才能抓住问题的实质。

6.2 波浪挟沙能力

窦国仁[80]等认为波浪的能量损耗与单位时间波能成正比,则波浪用于悬浮泥沙的能量 R_2 可表示为

$$R_2 = \alpha_1 \beta' \rho_0 g H^2 / T \tag{6-28}$$

式中,H 为波高;T 为波周期;α_1 和 β' 均为小于 1 的系数。平衡状态下,$R_2 = R_s$,则由式(6-12)、式(6-13)和式(6-28)可得窦国仁波浪挟沙能力公式[80]

$$S_w = \alpha_1 \beta' \frac{\rho_0 \rho_s}{\rho_s - \rho_0} \frac{H^2}{hT\omega_s} \tag{6-29}$$

分析式(6-29)可以发现,当周期和水深不变时,波高越大,挟沙能力越强(表 6-1)。这与实际情况相符。但当波高和水深一定时,周期越长,挟沙能力越弱。这与长周期波掀沙能力强的一般认识不一致,如 Lou 与 Ridd[171] 根据澳大利亚 Cleveland Bay 的现场观测数据就指出,长周期的涌浪掀沙能力较强。式(6-29)的这种缺陷是由所采用的波能损耗公式不完全合理造成的。另外,式(6-29)并没有区分波浪破碎和不破碎的情况,所以,根据波浪破碎前后波能演变规律对该公式进行改进是必要的。林全泓[172]曾经对窦国仁公式进行过改进,但其中推导过程尚不完整,关键系数还有待进一步确定。下面给出详细的推导过程,并确定其中的关键系数。

根据式(6-29)计算得到的波浪挟沙力　表6-1

周期(s)	平均波高(m)	水深(m)	波浪挟沙量(kg/m^3)
3.0	0.5	2.0	0.212
6.0	0.5	2.0	0.106
6.0	1.0	2.0	0.424

6.2.1　未破碎波挟沙能力

由于波浪在近床面附近产生近似振荡流的周期性往复运动，紊动被限制在波浪边界层范围内。通常，可将波浪边界层简化为振荡流边界层，考虑二维情况边界层内控制方程可表示为[174]

$$\frac{\partial U}{\partial t} + U\frac{\partial U}{\partial x} + V\frac{\partial U}{\partial z} = -\frac{1}{\rho}\frac{\partial P}{\partial x} + \frac{1}{\rho}\frac{\partial \tau}{\partial z} \tag{6-30}$$

$$\frac{\partial P}{\partial z} = 0 \tag{6-31}$$

均匀流条件下，方程式(6-30)退化为

$$\rho\frac{\partial U}{\partial t} = -\frac{\partial P}{\partial x} + \frac{\partial \tau}{\partial z} \tag{6-32}$$

由于边界层外剪切力消失，则有

$$\rho\frac{\partial U_0}{\partial t} = -\frac{\partial P}{\partial x} \tag{6-33}$$

式中，$U_0 = \hat{U}_0\sin(\omega t)$为边界层外自由流速(the free stream velocity)，$\hat{U}_0$为U_0最大值，ω为角速度。因为边界层内压力沿x方向梯度为常数，则由式(6-32)和式(6-33)可得

$$\rho\frac{\partial}{\partial t}(U_0 - U) = -\frac{\partial \tau}{\partial z} \tag{6-34}$$

振荡流的能量主要通过克服床面摩擦阻力所耗散，周期平均的耗散能量D_{B1}可以表示为

$$D_{\mathrm{B1}} = \frac{1}{T}\int_0^T\int_0^\infty \left|\tau\frac{\partial U}{\partial z}\right| \mathrm{d}z\mathrm{d}t \tag{6-35}$$

式中，T为振荡流或波浪周期。由式(6-34)和式(6-35)可得

$$D_{\mathrm{B1}} = \frac{1}{T}\int_0^T |\tau_{\mathrm{wb}}U_0| \mathrm{d}t \tag{6-36}$$

式中，τ_{wb}为床面剪切应力，紊流情况下，可由下式计算得到

$$\tau_{wb} = \frac{1}{2}\rho f_w U_0^2 \tag{6-37}$$

式中,f_w 为波浪摩阻系数。因此可得

$$D_{B1} = \frac{2}{3\pi}\rho f_w \hat{U}_0^3 \tag{6-38}$$

$\hat{U}_0$ 相当于波浪底部水质点轨迹运动最大速度 U_w,则波浪周期平均的由底部摩阻产生的波能耗散为

$$D_{B1} = \frac{2}{3\pi}\rho f_w U_w^3 \tag{6-39}$$

依据微幅波理论则有

$$D_{B1} = \frac{2\pi^2}{3}\rho f_w \frac{H^3}{T^3 \sinh^3(kh)} \tag{6-40}$$

式中,k 为波数。

从以上的推导可知,在波浪边界层内剪切应力作用明显,波浪的能量耗散主要集中在该区域内,而边界层以外的能量耗散量与边界层内相比很微弱,以至于在不考虑边界层外能量耗散的情况下对描述波浪运动没有影响,所以通常认为这部分能量耗散可以忽略。这也正是边界层外通常作无黏性假定,采用势流理论来描述波浪运动的原因。波浪作用下泥沙脱离床面进入悬浮运动状态正是边界层内剪切应力作用的结果。而与能量耗散不同的是,虽然悬浮泥沙大部分集中在靠近床面的某一范围内,但并没有被局限在边界层以内,在边界层以外的一定范围甚至整个水体内也会存在明显的悬浮泥沙,在计算悬浮泥沙总量时往往不能忽略边界层以外的泥沙含量。由波浪作用下水质点运动轨迹可知,水质点在垂向上的速度分量呈周期性的变化。当向上的垂向分速度大于泥沙沉降速度时,水质点运动将带动泥沙向上扩散,水质点对泥沙作功,这必然导致直接消耗掉部分流体势能。虽然这些直接消耗的势能与水体总能耗相比很小,但是与潮流保持泥沙悬浮而需要的能量来自已经消耗掉的紊动能本质上不相同,水质点与对泥沙作用所耗散掉的势能会影响水体总的能量平衡。这些直接消耗掉的势能虽然在研究波浪传播衰减时可以忽略不计,但是因与泥沙悬浮直接相关,不能忽略。

因为波浪作用下的泥沙悬浮跟边界层内水流紊动和边界层外水质点轨迹运动都有关,根据能量叠加原理,不妨设与紊动有关的泥沙含量占泥沙总量的比例为 r_1,则与水质点轨迹运动有关的泥沙含量所占比例为 $1-r_1$。若水流紊动用于悬浮泥沙所消耗的能量 R_2 占水流紊动能量 D_{B1} 的比例为 α_2,则根据能量平衡可得

$$R_2 = \alpha_2 D_{B1} = \frac{\rho_s - \rho_0}{\rho_s} g\omega_s r_1 h S_{w1} \tag{6-41}$$

式中，S_{w1} 为波浪挟沙能力。于是得波浪挟沙能力公式

$$S_{w1}=\beta_2\frac{\rho\rho_s}{\rho_s-\rho_0}\frac{f_w H^3}{T^3 ghw_s\sinh^3(kh)}\approx\beta_2\frac{\rho_0\rho_s}{\rho_s-\rho_0}\frac{f_w H^3}{T^3 ghw_s\sinh^3(kh)} \tag{6-42}$$

式中，$\beta_2=(2\pi^2\alpha_2)/(3r_1)$，需要根据实验确定。

对于不规则波，式(6-42)中波高可采用均方根波高计算。

表 6-2 给出了 $\beta_2=0.045$ 时(β_2 的确定见 6.4.1)，与表 6-1 条件完全相同时波浪挟沙能力的计算结果。可见，式(6-42)既能够反映波高越大挟沙能力越强的规律，也能够反映长周期波浪掀沙能力较强的特点，单就公式表达形式上看，其形式是比较合理的。

根据式(6-42)计算得到的波浪挟沙力　　表 6-2

周期 (s)	平均波高 (m)	水深 (m)	波浪挟沙量 (kg/m³)
3.0	0.5	2.0	0.063
6.0	0.5	2.0	0.099
6.0	1.0	2.0	0.610

6.2.2　破碎波挟沙能力

对于岸滩坡度较陡的海滩，破波带内的能量损耗可以认为主要由波浪破碎引起，因此用于泥沙悬浮的能量可忽略底部摩阻造成的能量损失项而只采用破碎波能量损耗公式。岸滩坡度比较平缓的海岸(如粉沙质海岸)，入射波浪可能不破碎或以不太剧烈的崩破波形式破碎[173]。因此，考虑缓坡海岸破波带内消耗的总能量时，仍计及底部摩阻引起的能量损耗，即总能量损耗应为

$$D_B=D_{B1}+D_{B2} \tag{6-43}$$

式中，D_{B2} 为波浪破碎引起的能量耗散。

Rattanapitikon 和 Karunchintadit[175] 比较了大量破碎波能量损耗模式后认为，Rattanapitikon 和 Shibayama[176] 提出的能量损耗公式与现有大量实验数据的吻合程度最好。因此，采用 Rattanapitikon 和 Shibayama 的公式来表示 D_{B2}。对于不规则破碎波：

$$D_{B2}=KQ_B\frac{c_g\rho_0 g}{8h}\left\{H_{rms}^2-\left[h\exp\left(-0.58-2.0\frac{h}{\sqrt{LH_{rms}}}\right)\right]^2\right\} \tag{6-44}$$

式中，系数 K 取为 0.1；L 为波长；H_{rms} 为均方根波高；Q_B 为波浪群体中破碎波的比率，可表示为

$$Q_b = \begin{cases} 0 & \dfrac{H_{rms}}{H_b} \leqslant 0.43 \\ -0.738\left(\dfrac{H_{rms}}{H_b}\right) - 0.280\left(\dfrac{H_{rms}}{H_b}\right)^2 + 1.785\left(\dfrac{H_{rms}}{H_b}\right)^3 + 0.235 & \dfrac{H_{rms}}{H_b} > 0.43 \end{cases} \tag{6-45}$$

式中，H_b 为临界破碎波高，可用式(6-46)表示：

$$H_b = 0.1L_0\left\{1 - \exp\left[-1.5\frac{\pi h}{L_0}(1 + 15m^{4/3})\right]\right\} \tag{6-46}$$

式中，m 为海滩坡度；L_0 为深水波长。

仍然按照能量平衡观点，可以推导出破碎波浪的挟沙能力公式为

$$S_{w2} = \beta_2 \frac{\rho_0 \rho_s}{\rho_s - \rho_0} \frac{f_w H_{rms}^3}{T^3 gh\omega_s \sinh^3(kh)} + \beta_3 \frac{\rho_s}{\rho_s - \rho_0} \frac{D_{B2}}{gh\omega_s} \tag{6-47}$$

式中，β_3 为系数，由实验确定。比较式(6-47)和式(6-42)可见，式(6-42)可认为是式(6-47)中 $\beta_3 = 0$ 时的特殊情况。

6.3 波流共同作用下的挟沙能力

潮流和波浪共存情况下，流和波的相互作用与两者的相对强弱、夹角等因素密切相关，即使只考虑水流自身问题，情况也很复杂。在波流共存流场中，沿水深可分为波浪边界层、对数层和外层。泥沙运动主要发生在波流边界层和对数层。因为波流共同作用下泥沙运动的复杂性，必须采取适当的简化措施。

在单纯的波浪水流中，水流在不大的时间内正负交换，边界层得不到充分发展，只在床面附近很薄的一层受到床面影响而存在剪切应力，形成近底边界层。在单纯潮流中，边界层能够得到充分发展，因而在全部水深上都存在剪切应力，水流流速沿深度方向的分布受这种剪切力的控制。一般认为，波浪和水流相互作用下水流和波浪的内部结构都要发生变化。水流对波浪的影响主要发生在外层，反映在波群速度上，进而影响波高的变化[45]。波流共存场中，低剪切率和紊流度的水流运动对高剪切率和紊流度的波浪边界层的影响要比波浪对水流的影响小得多[51]。因此，波流共存时，挟沙能力中由波浪产生的部分仍然可以用式(6-47)近似表示。其次，考虑波浪对水流的影响。虽然波浪对水流的影响要比水流对波浪的影响明显，但是对于挟沙能力来说，水动力因素方面主要跟平均流速的大小有关，而波浪对水流的影响主要反映在水流结构上，对平均流速的影响不大[174]。另外，在海岸地区，潮流主要承担泥沙输运的作用，往往对泥沙悬浮的贡献不大。因

此,波流共存时,挟沙能力中由潮流产生的部分仍然可以用式(6-17)计算。窦国仁等[80]通过能量叠加原理也认为波流共同作用下挟沙能力可以由波浪与潮流单独作用下挟沙能力的叠加近似表示。因此,根据式(6-17)和式(6-47),波流共同作用下挟沙能力 S_{cw} 可以表示为

$$S_{cw} = S_c + S_{w2} \tag{6-48}$$

6.4　挟沙能力参数的确定与初步验证

6.4.1　参数的确定

从上面的推导过程可知,挟沙能力公式计算结果的精确程度与 β_1、β_2 和 β_3 三个系数的取值有很大关系,需要根据实测资料来确定。窦国仁等[80]根据南京水利科学研究院水槽资料以及长江和黄河资料确定潮流挟沙能力式(6-17)中的系数 β_1 为 0.023。这里依据新收集的实验和现场测量资料(表 6-3 中 data1 ~ data7)对该系数的可靠性进行了进一步分析。从图 6-2 可见,计算结果与实测资料吻合较好,相关系数 R 为 0.94,β_1 取 0.023 有较高的可靠性。因此,潮流挟沙能力采用窦国仁等[80]的公式和系数是可行的。

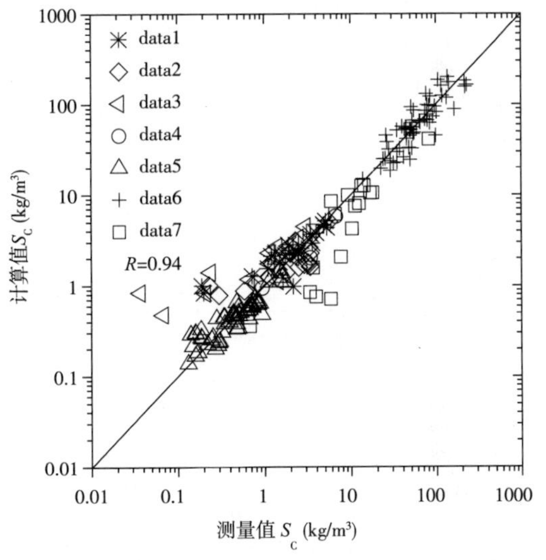

图 6-2　潮流挟沙能力计算值与测量值的比较(β_1 =0.023)

目前,波浪水槽或现场测量的波浪挟沙能力资料与潮流(或明渠流)资料相比还较少,其中与粉沙相关的资料更为稀有。本文通过收集到的 3 组非破碎波水槽数据和 1 组现场数据(表 6-3)确定 β_2 为 0.045。计算与实测结果的比较情况如图 6-3 所示,计算结果与实测值的相关系数为 0.78。需要指出的是,现场条件中波浪和潮流是并存的,在确定波浪作用引起的挟沙能力时,需要通过式(6-17)扣除潮流产生的挟沙能力部分。另外,需要指出的是,这些资料包括部分泥沙粒径较大的悬沙数据,其目的是避免由于细颗粒泥沙数据相对较少造成系数估计偏差较大。

表6-3

挟沙能力资料

组 次	资料出处	数据个数(个)	水深(m)	波周期(s)	波高(m)	中值粒径(mm)	流速(m/s)	挟沙能力(kg/m^3)	备注
data 1	Brooks 和 Norman(1955)[181]	21	0.05~0.09	—	—	0.01 和 0.16	0.25~0.65	0.19~5.3	实验
data 2	George[181]	17	0.068~0.074	—	—	0.137~0.152	0.24~0.81	0.23~5.6	实验
data 3	Vanoni 和 Brooks(1957)[181]	15	0.06~0.17	—	—	0.137	0.23~0.77	0.03~3.0	实验
data 4	Colman(1986)[136]	3	0.17	—	—	0.105~0.42	1.045~1.058	0.94~6.72	实验
data 5	Voogt 等(1991)[182]	60	5.9~10.8	—	—	0.225~0.345	1.27~2.28	0.13~1.76	现场
data 6	王士强等(1998)[183]	57	0.09~0.23	—	—	0.029~0.065	0.433~1.546	13.75~229.32	现场
data 7	邓贤艺等(2003)[184]	19	0.59~1.91	—	—	0.008~0.05	0.45~2.81	0.68~82.2	现场
data 8	Nielsen(1984)[63]	18	1.04~1.7	5.7~12.9	0.311~0.573	0.15~0.62	0~0.32	0.007~0.27	现场
data 9	Thone 等(2002)[38]	11	4.5	4.92~6	0.356~1.299	0.33	—	0.005~0.24	实验
data 10	赵冲久(2003)[5]	10	0.16 和 0.25	0.9~1.3	0.58~0.89	0.036 和 0.073	—	0.208~2.227	实验
data 11	韩鸿胜(2005)[114]	24	0.195~0.414	1.2~1.6	0.109~0.179	0.031 和 0.069	—	0.49~6.72	实验
data 12	韩鸿胜(2005)[114]	9	0.11~0.23	1.2~1.6	0.064~0.179	0.031 和 0.069	—	0.12~4.36	实验
data 13	Nielsen(1984)[63]	4	1.02~1.56	5.3~96	0.44~0.66	0.2~0.37	0.1~0.54	0.069~0.037	现场
总计		268	0.05~10.8	0.9~12.9	0.064~1.299	0.008~0.62	0~2.81	0.005~229.32	

对于破碎波浪，不同的破碎波形式对波浪的挟沙能力有较大影响。本文所研究的主要对象为粉沙质海岸，其岸滩坡度较为平缓，波浪一般只以崩破波形式破碎，因此这里只收集崩破波作用下泥沙悬浮的实验数据来确定破碎波挟沙能力系数。李世森、韩鸿胜等进行了崩破波作用下粉沙悬浮的实验研究[114]，Nielsen 有关破碎波掀沙的现场测量数据中含有崩破波情况[63]。尽管上述实验和现场测量的海滩坡度与典型粉沙质海岸相比要陡，但是限于实测数据获取的困难性，这里仍采用上述两组数据来初步确定崩破波作用下的挟沙能力系数。表 6-3 中 data12 与 data13 分别列出了两组数据的实测条件。根据实测与计算结果的比较，可初步确定 β_3 为 2.5×10^{-5}。由图 6-4 可知，计算结果与实测值的相关性为 0.75。

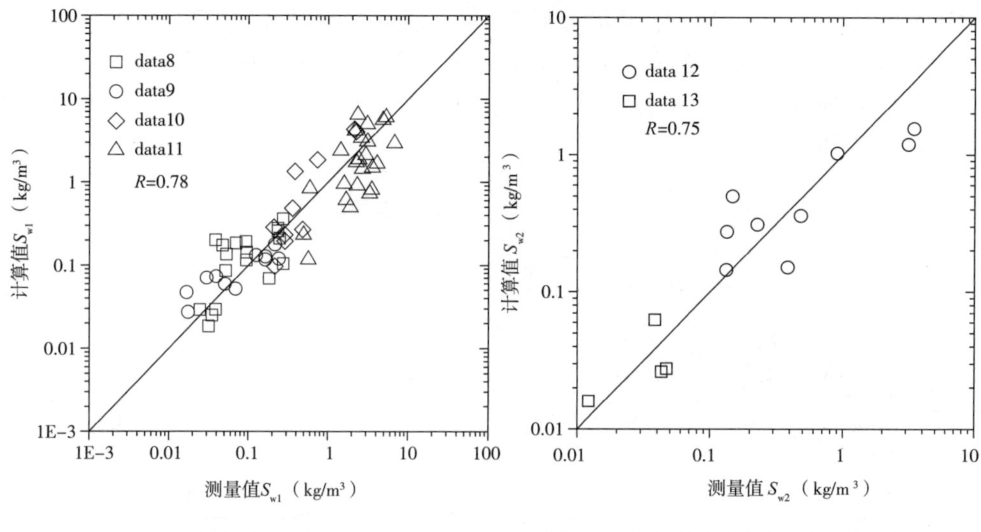

图 6-3　非破碎波挟沙能力计算值与测量值的比较($\beta_2=0.045$)

图 6-4　波浪破碎部分挟沙能力计算值与测量值的比较($\beta_3=2.5\times10^{-5}$)

6.4.2　波浪挟沙能力的实验验证

前面已经通过收集的资料验证了窦国仁等[80]潮流挟沙能力系数的可靠性，这里进一步通过对韩鸿胜等破碎波实验[114]的模拟对波浪挟沙能力公式及其系数进行初步检验。选取第 G 组崩破波实验进行模拟。

该实验在交通运输部天津水运科学研究院波浪水槽中进行，实验段长 14.85m，坡度为 1∶33，坡上均匀铺沙，厚度为 10cm。第 G 组的实验条件为：波周期 1.2s，入射波高 10.7cm，波长 2.0m，水温 27℃，泥沙为取自黄骅港海域的天然粉沙，中值粒径为 0.032mm，波浪破碎类型为崩破，破波点距离实验段末端 5.35m。

因为波浪传播距离短，计算波高时可以忽略底部摩阻产生的波能耗散，仅计入波浪破碎的波能耗散，由下述波能守恒方程可得波高沿程变化

$$\frac{\partial(H^2c_g)}{\partial x}=-D_{B2} \tag{6-49}$$

式中，c_g 为波速，右侧的负号表示波浪传播方向与 x 轴正方向相反。从图 6-5 可见，波高的计算值（实线）与 6 个测量值（加号）吻合较好，能够合理反映波高沿程变化。

挟沙能力的计算结果和测量值的比较也显示在图 6-5 中，由图可知，计算结果基本反映了实验测得的波浪挟沙能力从深水到浅水的沿程变化趋势：在破波点前约 1m 处泥沙浓度达到最大；破波点后 2m 范围内泥沙浓度变化不大。从悬沙横向分布的计算与实测结果也可以看出，破波点处泥沙没有非常明显的增大，这反映了崩破波破碎强度弱，一般不能直接作用到床面泥沙，而只起到加大上部水体中泥沙扩散的作用的特点。

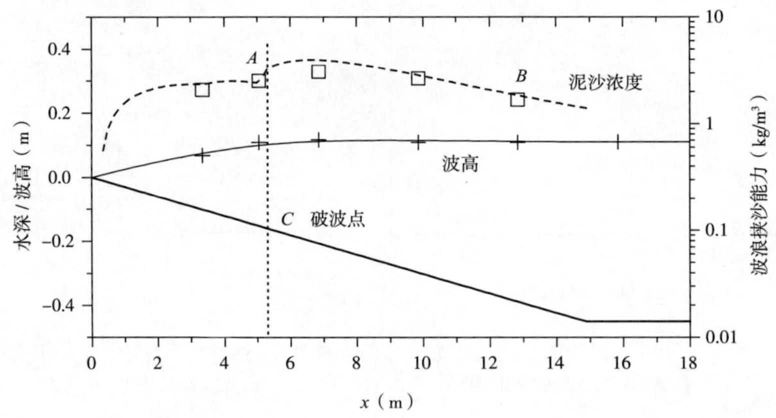

图 6-5　波浪挟沙能力和波高计算值与测量值的比较

6.5　本 章 小 结

本章根据能量平衡理论，从基本的 Reynolds 方程出发，给出了窦国仁潮流挟沙能力公式详细的推导过程；依据波浪破碎前后波能演变规律，对波浪挟沙能力公式进行了改进，考虑了波浪破碎产生的紊动对挟沙能力增大的影响，反映了长周期波挟沙能力大的特性。最后通过收集的资料确定了波浪挟沙能力公式中的关键系

数，并进行了初步检验，结果显示新的波浪挟沙能力公式及其系数能够合理地反映实验现象。

目前，在河口、海岸二维泥沙数学模型中，挟沙能力方法得到了广泛应用，本章在波浪挟沙能力公式的改进中针对粉沙质海岸考虑了破碎因素，使数学模型能够更为真实地描述粉沙质海岸泥沙运动规律。

第 7 章　粉沙质海岸泥沙运动与航道淤积强度的研究

粉沙质海岸港口容易发生航道骤淤现象，如粉沙质海岸已建港口中，京唐港、黄骅港等均发生过骤淤现象。为了防治航道骤淤，需要深入了解粉沙质海岸泥沙运动规律，以选择合适的航道掩护建筑物形式及尺度。目前，针对粉沙质海岸的泥沙运动虽然已经进行了大量研究[109-117]，但对于粉沙质海岸各种动力因素在泥沙运动中所起的作用、不同动力条件下泥沙运动的范围，以及航道淤积强度等问题还缺乏足够的认识。为此，本章将首先在第 6 章所建立的挟沙能力模型基础上，针对粉沙质海岸潮流和波浪共同作用下的泥沙运动进行二维数值模拟研究，着重分析泥沙在垂直岸线方向上的分布规律；然后在第 5 章航道淤积机理研究的基础上，建立航道淤积计算公式，对粉沙质海岸上航道淤积强度进行初步估计。

7.1　概化粉沙质海岸及其泥沙运动的数值模拟

7.1.1　粉沙质海岸的特征

粉沙质海岸是介于沙质海岸和淤泥质海岸的一种特殊海岸，有其自身特点。粉沙质海岸通常是废弃河口泥沙沉积物在波浪、潮流综合作用下的结果[106]。粉沙质海岸一般坡度较缓，不同类型的粉沙质海岸其海底坡度相差较大，一般在 1：500 ~ 1：4000之间[185]。粉沙质海岸泥沙具有起动流速小，沉降速度大，密实较快，在海水中不发生絮凝，运动活跃，以悬移形式运动为主等特点[110-113]。恶劣天气条件下，粉沙质海岸上航道容易形成骤淤。

黄骅港位于河北省沧州市以东约 90km 的渤海之滨，恰置河北、山东两省交界处，漳卫新河与宣惠河交汇的大河口北侧。从物质组成上看，黄骅港海岸为比较典型的淤泥粉沙质海岸，港口附近海域海岸坡度约为 1/2000 ~ 1/3000[6,194]。但海床表层存在中值粒径为 0.03mm 左右的粉沙层，表现为粉沙质海岸特征。这里以黄骅港海岸为参照构造概化粉沙质海岸，海岸坡度取为 1/2300，垂直岸线方向（横向）宽度设置为 50km。侧边界和岸线设置都为陆边界，为减小侧边界在水流计算

时对流场的影响,将沿岸方向(纵向)宽度设置为垂直岸线方向宽度的5倍,即250km(图7-1)。在断面AB上1.5m、0m、-2m、-5m和-8m等深线处设置5个观测点P_1~P_5,用于近岸波浪、泥沙特性的分析。开边界上各点设置相同的潮位和波浪变化过程,波浪垂直岸线方向入射。以AB断面附近10km区域为考察对象,对泥沙横向分布规律进行数值模拟研究。

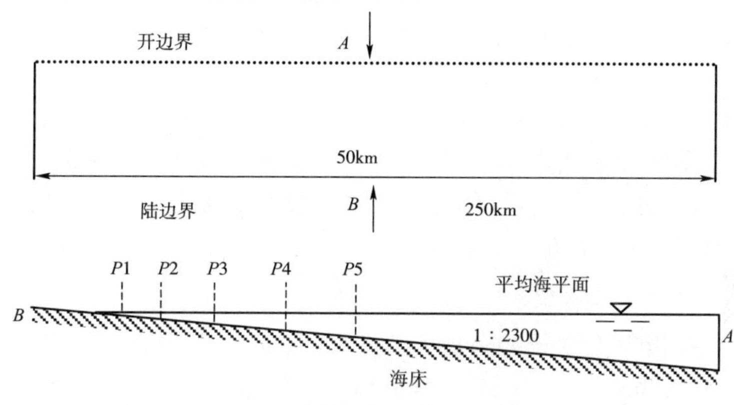

图7-1 概化粉沙质海岸示意图

7.1.2 二维水动力泥沙数值模型

二维水动力泥沙数学模型应用较早,比较成熟、可靠,且计算量小,因此本章仍然采用二维模型进行数值计算。二维水动力泥沙数值模型可以分为水动力和泥沙运动模拟两部分。水动力模拟又包含潮流和波浪两部分。其中,潮流计算采用ADCIRC模型,波浪计算采用SWAN模型,泥沙运动模拟采用平面二维悬沙输运模型。ADCIRC模型和SWAN模型通过迭代耦合的方法可以考虑潮流和波浪之间的相互作用。将这三种模型组合在一起研究海岸动力过程和泥沙运动已经得到较为广泛的应用[96,186],本章不再详细论述,下面仅对各模型特点进行简单介绍。

7.1.2.1 ADCIRC模型

ADCIRC模型由美国North Carolina大学的Luettich教授和Notre Dame大学的Westerink博士联合开发,可以应用于海洋、海岸、河口区域的平面二维水动力计算,在处理潮流动边界、复杂工程建筑物边界等方面具有强大的功能[188]。该模型将通用波动连续方程与动量守恒方程作为控制方程,在空间上采用有限单元法,时间上采用有限差分法,对控制方程进行求解。网格采用非结构化的三点三角形单元,动边界采用干湿网格法。此外,ADCIRC模型通过辐射应力,能够考虑波浪对潮流的影响。关于波浪对潮流场的影响将在后面进行简单的分析。

7.1.2.2 SWAN 模型

基于动谱平衡方程的第三代波浪数值模型中,SWAN 模型是应用较广、较为成熟的模型之一[189]。该模型具有如下有点:

(1)适用于深水、过渡水深和浅水情况。

(2)模型包括能量输入、损耗和非线性作用机理,源项的处理应用当今海浪研究最新成果,尤其在非线性项中加入三相波相互作用项,能合理模拟近岸波浪传播的周期变化。

(3)将随机波浪以不规定谱型的方向谱表示,更接近实际海浪。

(4)模型计算不要求闭合边界条件,只要选择计算域的边界,即便只能确定其中一个迎浪边界条件,也能获得可靠的效果。此外,值得说明的是,通过输入潮位和流场数据,SWAN 模型能够考虑潮流对波浪传播的影响。

7.1.2.3 悬沙输运模型

泥沙运动采用窦国仁等(1995)提出的平面二维泥沙数学模型[80],其表达式如下

$$\frac{\partial(hS)}{\partial t}+\frac{\partial(huS)}{\partial x}+\frac{\partial(hvS)}{\partial y}+\alpha\omega_{s}(S-S_{cw})=0 \tag{7-1}$$

式中,h 为水深;t 为时间;x 和 y 为水平坐标;u 和 v 分别为沿 x 方向和 y 方向的流速;α 为恢复饱和系数,本章取为 0.8;ω_s 为泥沙沉速,本章取为 0.001m/s;S 为沿深度平均的含沙量;S_{cw} 为波流共同作用下的挟沙能力,可用第 6 章式(6-48)进行计算。

7.1.3 泥沙数值模型的验证

在 2001 年 3 月 26 日和 28 日—29 日,交通运输部天津水运工程科学研究所在黄骅海域同样的 6 个测站先后进行了两次全潮水文观测(测站布置见图 7-2),得到了风浪刚开始和风后的含沙量变化过程[68]。为了验证泥沙运动模型,我们连续计算了 2001 年 3 月 25 日—29 日的含沙量变化过程。含沙量计算中,根据测点附近海域泥沙粒径随水深增加逐渐变小的特点,将岸线与测点 1 和 4 所在等深线间泥沙代表粒径设置为 0.036mm,在测点 3 和 6 所在等深线以外区域泥沙代表粒径设置为 0.015mm,两条等深线间按线性变化设置代表粒径。图 7-3 显示了 6 个测站含沙量实测值与计算结果的比较情况。可见,泥沙运动模型基本上反映了不同风况下黄骅港海域的泥沙运动规律。从图 7-3 中也可以看到,3 月 27 日出现了一次大的含沙量过程,这次高含沙过程与 3 月 27 日零时出现的大风过程有关。虽然该大风过程持续时间较短,但仍造成了含沙量的明显增高。

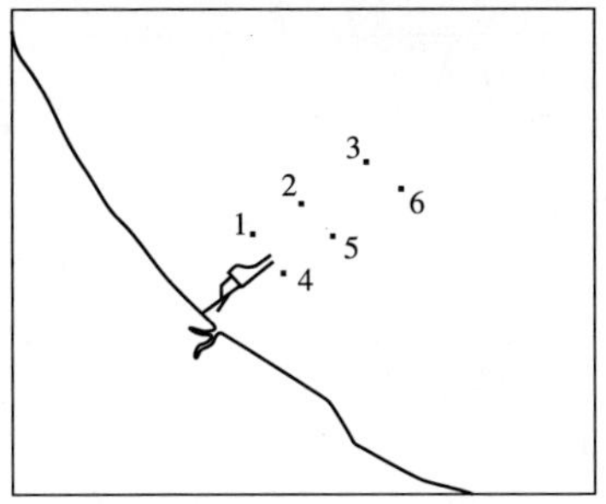

图7-2 2001年3月26日和28日—29日全潮水文观测测站布置

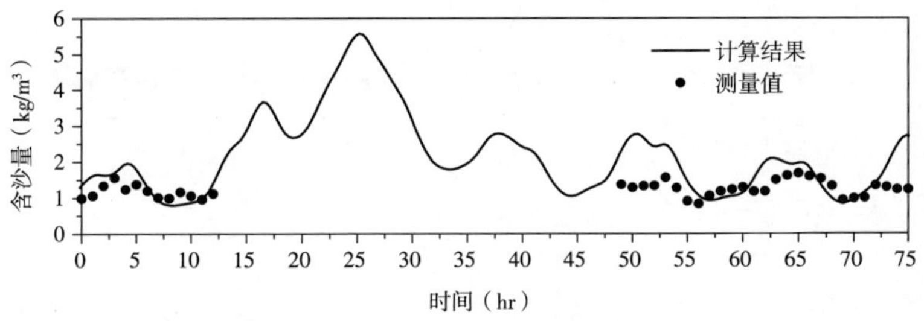

a)测点1实测与计算含沙量比较

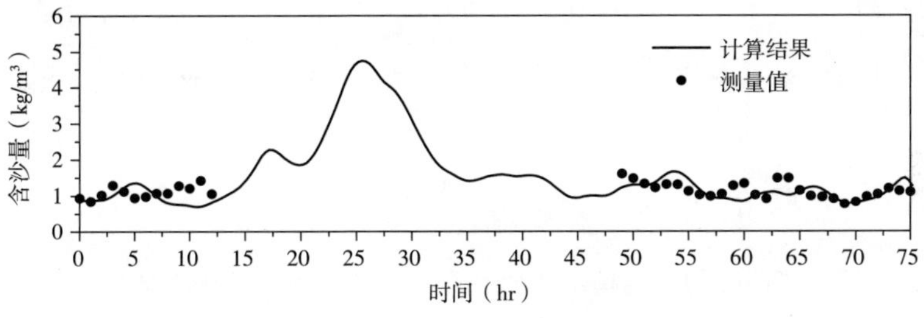

b)测点2实测与计算含沙量比较

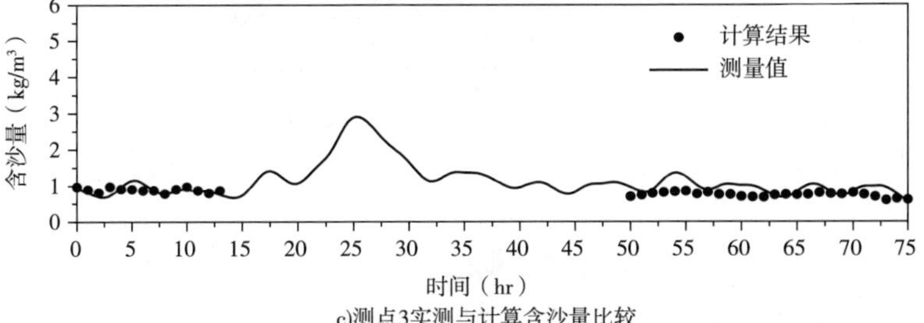

c)测点3实测与计算含沙量比较

图 7-3

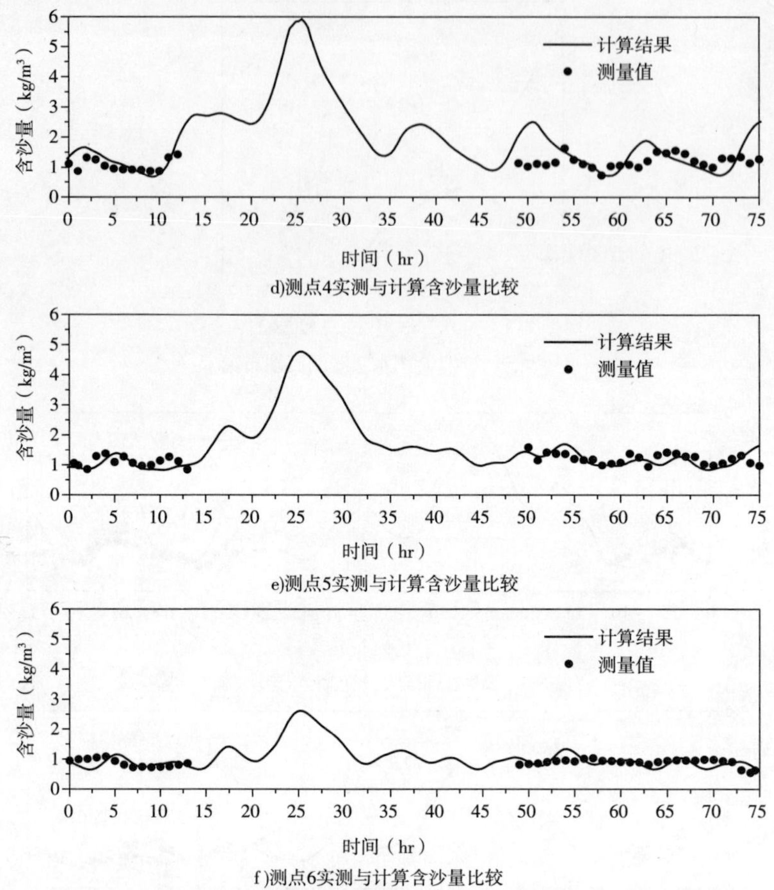

图 7-3　2001 年 3 月各测站实测与计算含沙量(0 时刻为 3 月 26 日 10 时)

7.2　潮流和波浪的模拟

为了给泥沙计算提供水流和波浪条件,本节对典型大潮和不同波浪条件组合的各种情况进行水动力计算。典型大潮参照黄骅港 2001 年 3 月 26 日大潮过程设置,开边界潮位 24h 变化过程如图 7-4 所示,最大潮差 1.84m。对应 8 级、6 级、5 级和 4 级风况条件,设置定常 NE 向风,风速分别取为 17.2m/s、11.5m/s、8.0m/s 和 5.6m/s,通过 SWAN 模型计算,并参照现场实测资料[68,117]和研究风浪关系的相关文献[193,194],设置理想海岸模型开边界波浪条件:波高分别为 4.1m、2.0m、1.0m 和 0.5m,周期分别为 8.9s、6.7s、4.5s 和 3.0s。各种波浪条件分别和典型大潮组合,

用于模拟自然环境中不同风况时含沙量横向分布的变化。此外，为了进行对比分析，还对纯潮情况进行了计算。各种计算条件见表7-1，其中T0表示纯潮计算，A1～A4为波浪和潮流共存情况。

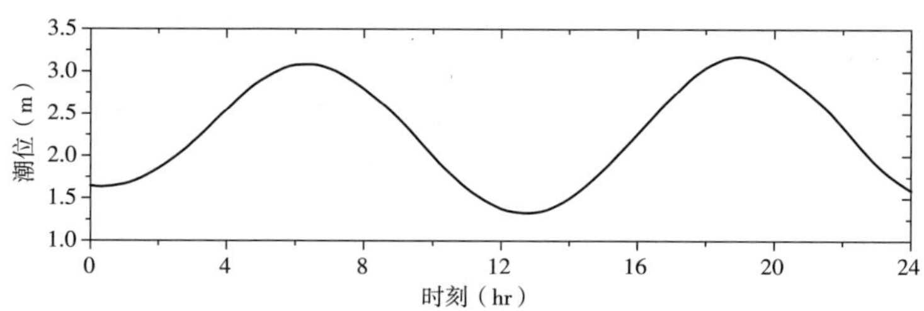

图7-4　典型大潮潮位变化过程

水动力计算条件　　表7-1

组　次	潮　流	波　浪	
	潮差(m)	入射波高(m)	周期(s)
T0	1.84	0	0
A1	1.84	4.1	8.9
A2	1.84	2.0	6.7
A3	1.84	1.0	4.5
A4	1.84	0.5	3.0

如前所述，将ADCIRC和SWAN模型组合在一起模拟海岸动力过程已经有了较为广泛的应用，关于潮流和波浪共存时的水流特征也已经进行了较为详细的讨论[190,191]，认为平缓海岸上，波浪对潮流的影响较小，而潮位变化在浅水区域对波浪影响明显。为了清楚地说明波浪受水位影响在泥沙模拟中的重要性，以较为典型的6级风况为例，对耦合和不耦合两种情况下波高变化进行说明。从图7-5可见，水深较浅的P1、P2和P3处波高呈现出明显的周期性变化，耦合计算得到的波高平均值与纯波时波高值基本相等。与图7-4对比可见，波高变化的周期与潮位变化的周期一致，潮位增高，波高也增大。特别是P1点，在露滩时波高为零，这说明SWAN模型在动边界有较好的处理效果。而在水深较大处，即P4和P5观测点，波高几乎没有变化，周期性特征消失。观测点P1～P5在波流耦合时波高变化幅度与纯波时波高的比值分别为189%、82%、30%、1.2%，1.0%。可见，随着水深的减小，潮位升降对波浪传播变形的影响的确是逐渐增强的。从第6章式(6-42)可知，波浪挟沙能力与波高的三次方成正比，若波高变化幅度为20%，则波浪挟沙能力变化幅度在50%～70%。因此，从近岸泥沙计算角度考虑，模拟波浪场时考虑潮位变化的影响是必要的。

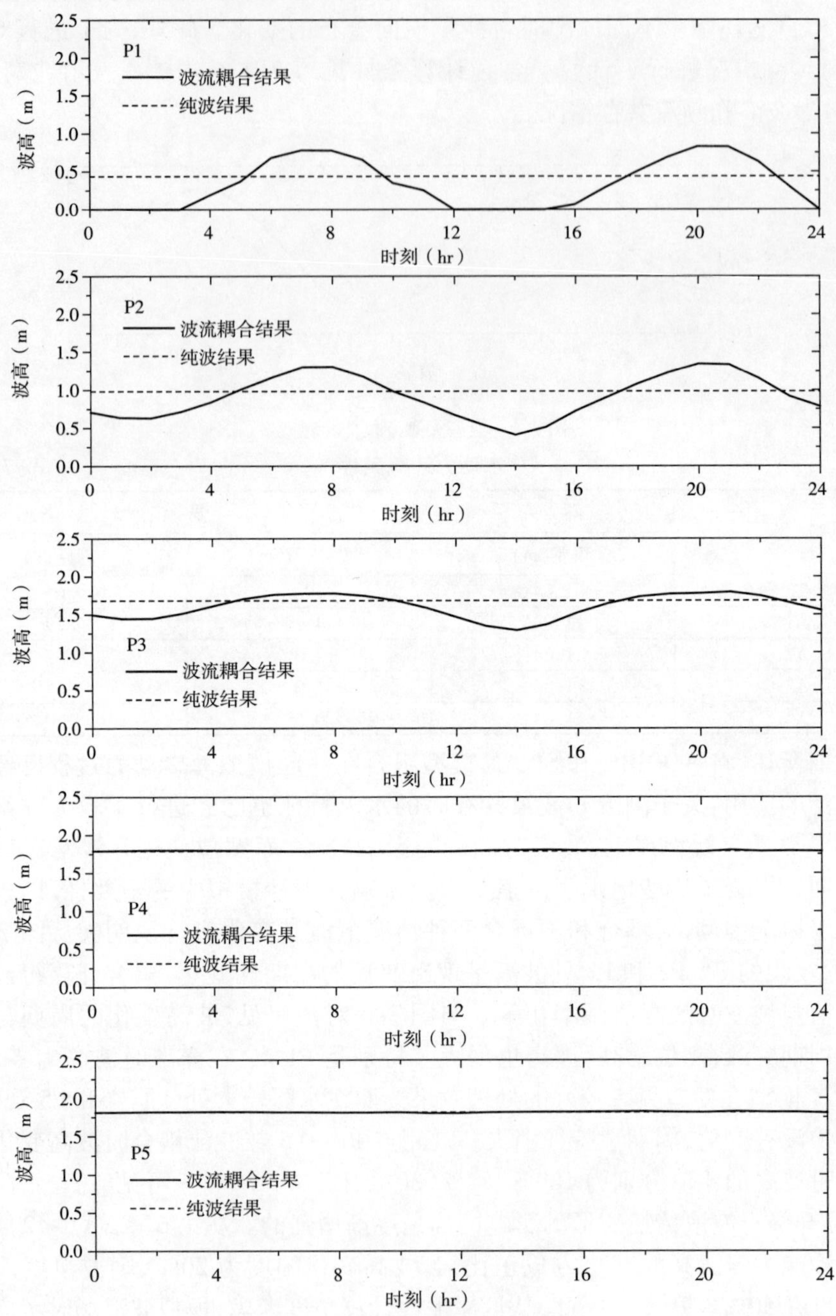

图 7-5　A2 情况各观测点波高

7.3 含沙量横向分布

为了清楚地展现海岸地区波浪对含沙量横向分布的影响,特别是定量地说明波浪破碎因素对含沙量增大所起的作用,分以下三种情况进行含沙量计算:

(1)考虑波流共同作用且包含波浪破碎因素,即式(7-1)中 S_{cw} 由式(6-48)计算。

(2)考虑波流共同作用但不包含波浪破碎因素,即 S_{cw} 由式(6-42)计算。

(3)仅考虑潮流对泥沙的作用,即 S_{cw} 由式(6-17)计算。

7.3.1 6级向岸风作用下含沙量横向分布特征

首先,以常见的6级向岸风(A2)所形成的波浪为例,通过各观测点对含沙量横向分布进行初步分析。图7-6显示了各观测点含沙量历时变化。图中实线代表波流共同作用下的总含沙量,带圆圈的实线表示不考虑波浪破碎时的含沙量,虚线代表纯潮作用下的含沙量。由于我们所采用的总挟沙能力公式采用潮流、波浪底部切力作用和破碎波作用挟沙能力的线性叠加,因此实线和虚线之差可以认为是单纯波浪作用(含破碎)产生的含沙量。从整体上看,各观测点处波浪对泥沙含量的大小都起主导作用,且随着水深减小,波浪主导作用越来越突出。P5观测点位于-8m等深线处,水深足够大,总含沙量较其他各观测点小很多。各观测点处含沙量大小均呈现出明显的周期特性变化,主要原因是受潮位周期性升降以及波高周期性变化的影响。

实线和带圆圈的实线之差为单纯由于波浪破碎作用产生的含沙量。在-2m等深线以外区域即P3~P5处波浪几乎没有破碎或者破碎程度很弱,考虑波浪破碎的计算结果与不考虑波浪破碎的计算结果基本相同。P1和P2位于0m等深线以内,波浪由于传播变形而产生明显的破碎,考虑波浪破碎的计算结果较不考虑波浪破碎的计算结果有较为明显的增大,并且增大程度随水深减小而增大,至P1点时,破碎波的作用远超过潮流与波浪底部切力作用之和。

带圆圈的实线和虚线之差为波浪底部剪切力产生的含沙量。波浪底部剪切力作用也呈现出周期性,与潮位变化相关。P2点底部剪切力和波浪破碎作用产生的含沙量基本相当,P3点破碎作用产生的含沙量明显小于底部剪切力产生含沙量,两点都没有出现波浪破碎占主导的趋势。这与平缓海岸上,波浪主要以崩破形式破碎,破碎强度相对较小的规律是一致的。因此,在坡度平缓的海岸上,在破波带内不能忽略波浪底部剪切力作用。静水深非常小的P1点,在涨急时刻附近,波浪破碎产生非常高的含沙量,说明在浅水区,即使崩破波也有较大的掀沙能力。

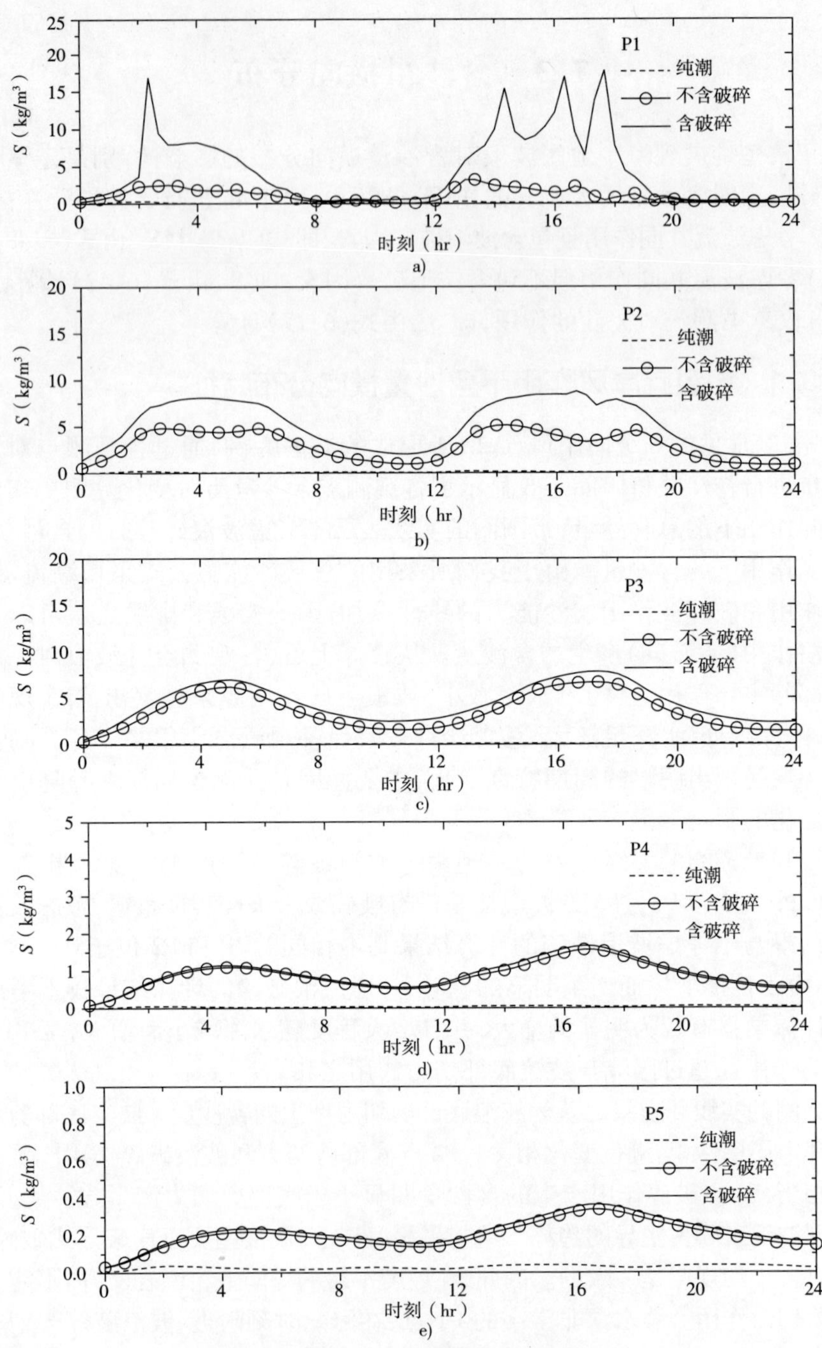

图 7-6　6 级风况（A2）各观测点含沙量历时变化

为了更清楚地揭示含沙量横向分布趋势，图 7-7 显示了 6 级风况(A2)在涨急(即 16 时)、落急(即 10 时)、高潮位(19.7 时)和低潮位(13 时)四个时刻含沙量的横向分布。所有四个时刻，波浪底部剪切力作用都随离岸距离的减小逐渐增大，大多时候在 -1m ~ -2m 等深线处产生的含沙量最大，然后随离岸距离进一步减小，波浪底部剪切力作用开始减小。对比四个时刻含沙量，可以看到涨急时刻波浪底部剪切力作用最强，落急时刻最弱。

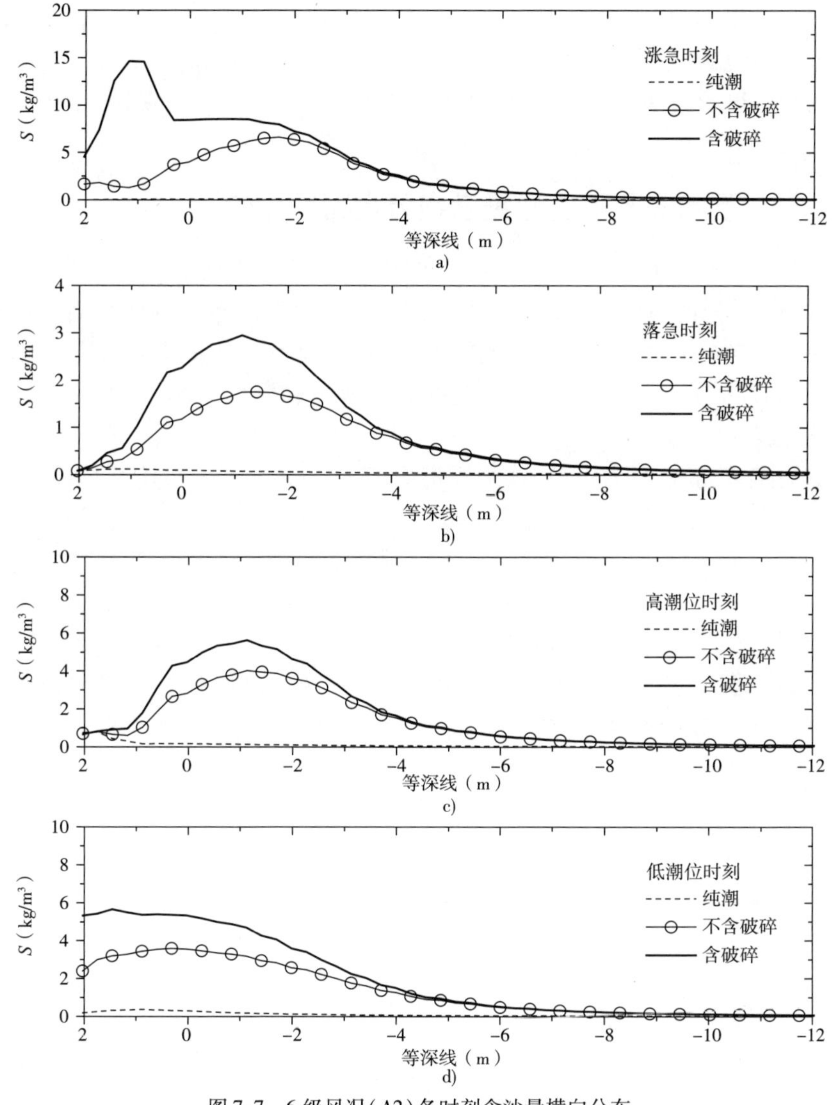

图 7-7 6 级风况(A2)各时刻含沙量横向分布

大约在 -4m ~ -5m 等深线处,波浪破碎作用开始显现。落急和高潮位时刻,波浪破碎作用产生的含沙量在 -1m 等深线附近达到最大,分别为 1.2kg/m^3 和 1.7kg/m^3,然后随着水深继续减小,破碎作用也开始减弱。低潮位时刻,靠近岸线附近破碎较为明显,在 2m 等深线处破碎作用产生的含沙量高达 3kg/m^3。涨急时刻,从 0.3m 等深线处破碎作用开始迅速增大,破碎产生的含沙量在 1m 等深线附近高达 12kg/m^3,然后随水深进一步减小,破碎作用也快速衰减,含沙量降低,这可能与波浪在近岸的强烈破碎有关。文献[166]在研究黄河口海岸近岸带水体含沙量横向分布时也观测到破波带内含沙量的变化沿向岸方向并不是单一递减,而是递减到一定程度又重新增加,这说明本文的模拟结果与现场观测到的现象是一致的。

7.3.2 不同海况下含沙量横向分布特征比较

下面对不同海况下含沙量沿垂直岸线方向分布特征进行分析和比较。图 7-8 ~ 图 7-10 显示了另外三种风况(8 级、5 级和 4 级)含沙量在不同特征时刻沿垂直岸线方向的变化。与 6 级风况(图 7-7)比较可见,各风况下含沙量横向分布变化趋势基本相同,不同之处在于,风级越大,对应的波浪波高和周期也越大,波浪影响范围越广,含沙量也越高。

假定波浪底部剪切力产生的含沙量大于 0.5kg/m^3 处为其对含沙量开始产生显著作用位置,则可以定量确定全潮过程中波浪底部剪切力的最大影响范围(表 7-2、图 7-11)。从图 7-11 可见,不同风况条件下,底部剪切力的影响范围呈非线性变化趋势。当风级较小,从 4 级增大到 5 级时,底部剪切力影响范围仅从 0m 等深线位置扩大到 -1.9m 等深线位置;当风级从 5 级增大到 6 级和 8 级时,底部剪切力的影响范围扩大很快,分别达到 -6.3m 和 -16m 等深线位置。8 级风况下在 -16m 等深线处仍然有较高的含沙量,可能跟潮流的输送作用有关。这种风级越大波浪影响范围扩大越快的现象,反映了大风天气对粉沙质海岸港口航道危害更大的事实。

假定波浪破碎产生的含沙量大于 0.3kg/m^3 处为其对含沙量开始产生显著作用位置,则可以定量确定全潮过程中波浪破碎因素的最大影响范围(表 7-2、图 7-11)。从图 7-11 可见,不同风况条件下,破碎因素的影响范围也呈非线性变化趋势。4 级风况下,很多时候波浪可能不破碎或破碎强度非常弱,其影响范围很小,仅在 1m 等深线以内。5 级风况时,破碎因素影响范围扩大到 -0.5m 等深线以内。6 级和 8 级时,破碎因素影响范围明显扩大,分别达到 -3.5m 和 -10m 等深线位置。另外,比较波浪底部剪切力和破碎因素影响范围扩大程度,可见随着风级的增

大,底部剪切力影响范围扩大更快(图 7-11)。

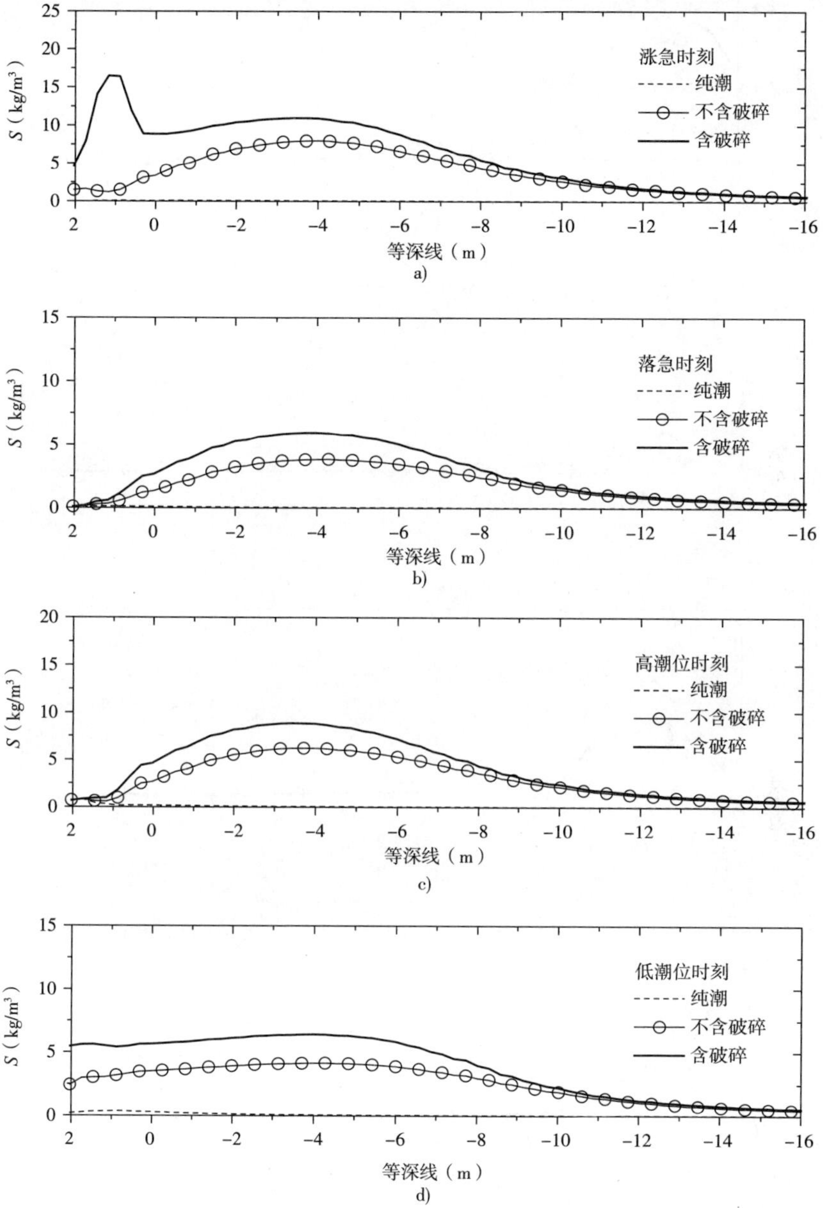

a)

b)

c)

d)

图 7-8　8 级风况条件(A1)各时刻含沙量横向分布

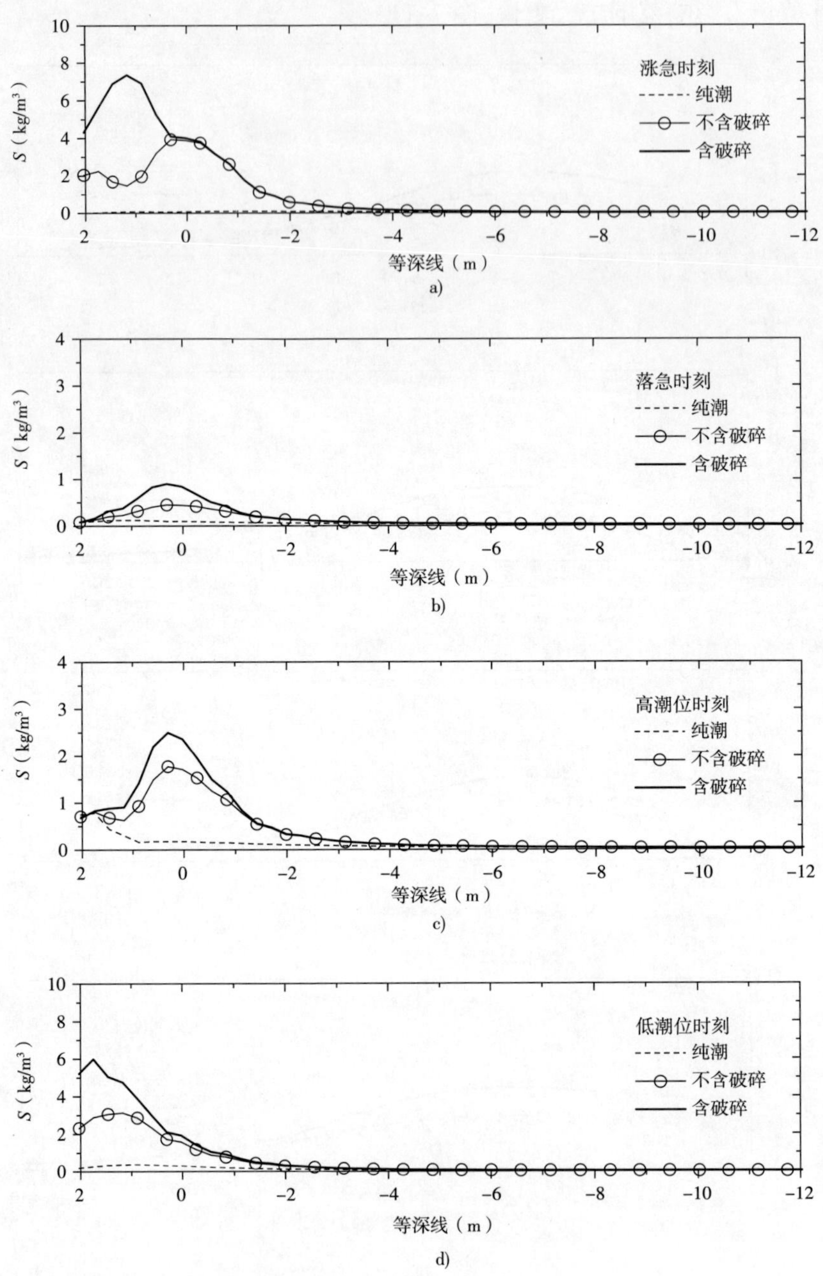

图 7-9　5 级风况条件(A3)各时刻含沙量横向分布

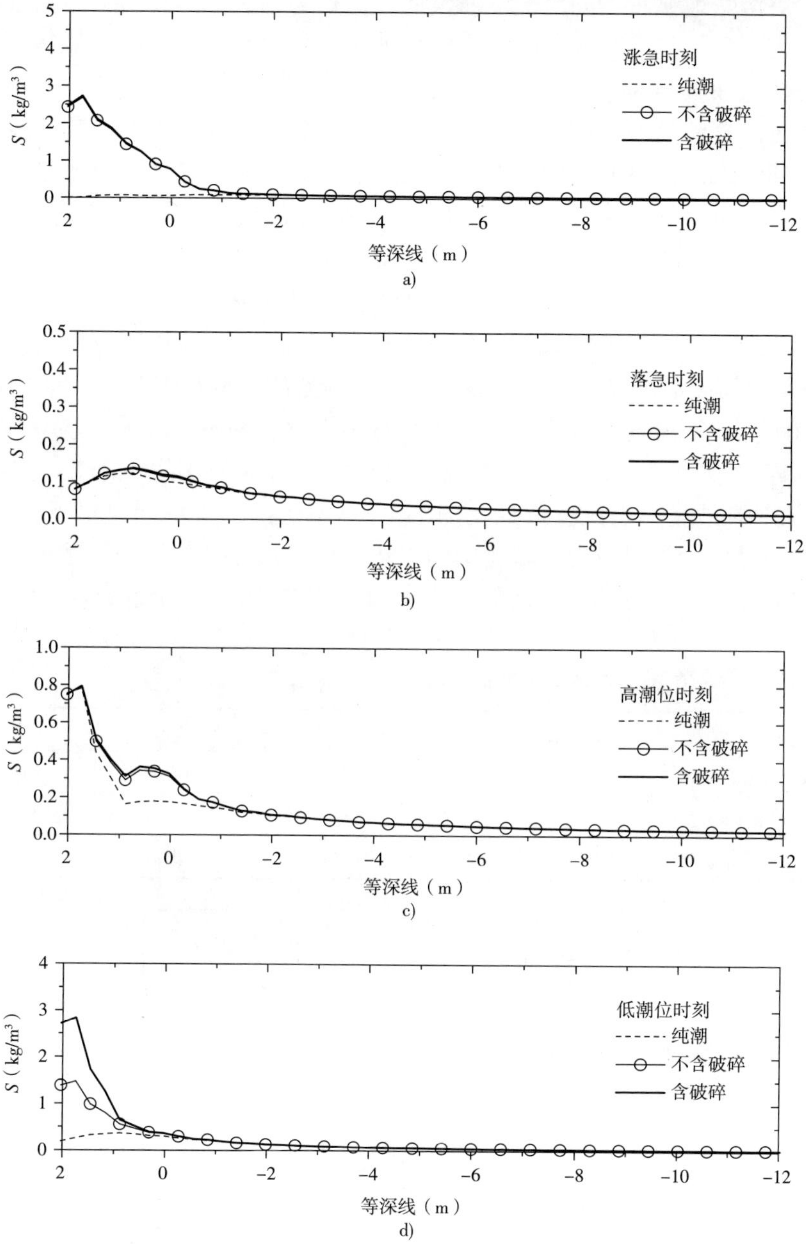

a)

b)

c)

d)

图 7-10　4 级风况条件(A4)各时刻含沙量横向分布

为了更清楚地显示不同风况下波浪底部剪切力和破碎因素对含沙量横向分布的影响。表7-3～表7-7分别显示了各时刻以及全潮平均时不同等深线位置处波浪底部剪切力和破碎因素产生含沙量占总含沙量的比例。两项相加即为波浪产生的含沙量占总含沙量的比例,剩余部分为潮流产生的含沙量比例。黄骅港附近海域等深线通常以理论最低潮面为基准面,理论最低潮面低于平均海平面2.4m,因此1m、0m、-2m、-4m、-6m、-8m和-10m等深线位置离岸距离分别为3.22km、5.52km、10.12km、14.72km、19.32km、23.92km和28.52km。表中数据定量地反映了前面的结论。特别要说明的是,从表中可见,8级大风情况时,虽然波浪破碎作用范围较大(达-10m等深线),但破碎作用对泥沙悬浮的作用有限,在-6m～-10m等深线间波浪破碎产生的含沙量占总含沙量的比例在11%～33%之间;6级大风时,在-2m等深线处破碎产生的含沙量占总含沙量的比例最大为24%;风级较小时,如5级和4级(A3和A4)情况下,波浪在-2m等深线以外几乎不存在破碎,破碎波对含沙量几乎没有贡献。图7-12直观地反映了不同风况下,破碎因素在不同等深线处对总含沙量贡献比例的变化。可见,大风情况下,虽然波浪破碎作用范围较广,但除近岸区域外,其对总含沙量的贡献有限,波浪底部剪切力仍然起着重要作用。

各种风况条件下波浪影响范围(根据等深线位置确定)　　表7-2

风　况	8级(A1)	6级(A2)	5级(A3)	4级(A4)
底部剪切力影响范围	-16m以内	-6.3m以内	-1.9m以内	0m以内
破碎因素影响范围	-10m以内	-3.5m以内	-0.5m以内	1m以内
最大含沙量位置	-4m以内	-1m以内	0m以内	1m以内

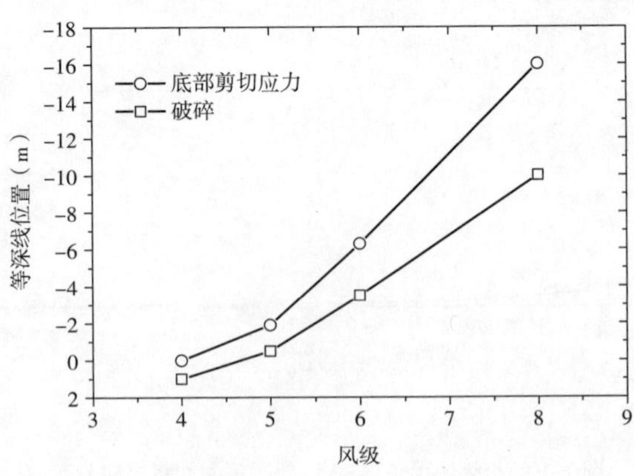

图7-11　不同风况下波浪底部剪切力和破碎因素影响范围

涨急时刻各等深线处剪切力和破碎产生含沙量占总含沙量比例　　表7-3

等深线位置		1m	0m	-2 m	-4 m	-6 m	-8m	-10m
A1	底部剪切	8%	37%	66%	72%	74%	79%	84%
	破碎	91%	61%	32%	27%	25%	19%	14%
A2	底部剪切	10%	46%	86%	90%	87%	81%	75%
	破碎	88%	52%	12%	7%	6%	5%	0
A3	底部剪切	27%	95%	82%	52%	22%	8%	3%
	破碎	71%	3%	0	0	0	0	0
A4	底部剪切	92%	91%	10%	1%	0	0	0
	破碎	2%	0	0	0	0	0	0

落急时刻各等深线处剪切力和破碎产生含沙量占总含沙量比例　　表7-4

等深线位置		1m	0 m	-2 m	-4 m	-6 m	-8m	-10m
A1	底部剪切	39%	46%	60%	64%	67%	78%	86%
	破碎	50%	49%	38%	35%	31%	21%	12%
A2	底部剪切	40%	47%	63%	86%	82%	75%	60%
	破碎	47%	48%	33%	9%	8%	4%	0
A3	底部剪切	32%	40%	50%	24%	9%	3%	1%
	破碎	46%	47%	6%	0	0	0	0
A4	底部剪切	8%	11%	1%	0	0	0	0
	破碎	2%	3%	0	0	0	0	0

高潮位时刻各等深线处剪切力和破碎产生含沙量占总含沙量比例　　表7-5

等深线位置		1m	0 m	-2 m	-4 m	-6 m	-8m	-10m
A1	底部剪切	44%	54%	67%	69%	73%	81%	87%
	破碎	47%	42%	32%	29%	25%	17%	11%
A2	底部剪切	48%	60%	75%	90%	85%	77%	67%
	破碎	42%	36%	22%	7%	6%	1%	0
A3	底部剪切	53%	65%	64%	34%	14%	5%	2%
	破碎	34%	27%	3%	0	0	0	0
A4	底部剪切	40%	41%	3%	0	0	0	0
	破碎	6%	4%	0	0	0	0	0

低潮位时刻各等深线处剪切力和破碎产生含沙量占总含沙量比例　　表 7-6

等深线位置		1m	0 m	−2 m	−4 m	−6 m	−8m	−10m
A1	底部剪切	52%	56%	61%	63%	65%	73%	83%
	破碎	41%	38%	36%	35%	33%	25%	15%
A2	底部剪切	57%	61%	67%	78%	83%	74%	64%
	破碎	36%	33%	28%	16%	7%	3%	0
A3	底部剪切	64%	66%	50%	28%	11%	4%	2%
	破碎	26%	18%	9%	5%	0	0	0
A4	底部剪切	29%	14%	1%	0	0	0	0
	破碎	14%	3%	0	0	0	0	0

全潮平均时各等深线处剪切力和破碎产生含沙量占总含沙量比例　　表 7-7

等深线位置		1m	0 m	−2 m	−4 m	−6 m	−8m	−10m
A1	底部剪切	36%	48%	64%	67%	70%	78%	85%
	破碎	57%	48%	35%	32%	29%	21%	13%
A2	底部剪切	39%	54%	73%	86%	84%	77%	67%
	破碎	53%	42%	24%	10%	7%	3%	0%
A3	底部剪切	44%	67%	62%	35%	14%	5%	2%
	破碎	44%	24%	5%	1%	0%	0%	0%
A4	底部剪切	42%	39%	4%	0%	0%	0%	0%
	破碎	6%	3%	0%	0%	0%	0%	0%

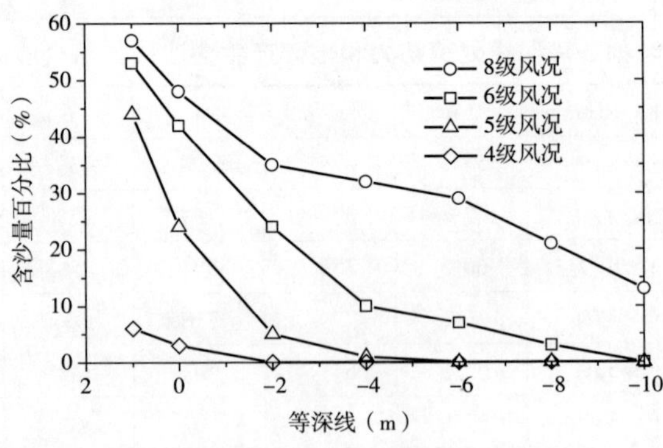

图 7-12　不同风况下波浪破碎在不同等深线处产生含沙量占总含沙量比例

7.4　航道淤积强度的估计

7.4.1　航道淤积计算公式的建立

从第 5 章航道淤积机理和模拟结果的分析可知，强浪在床面附近产生的高浓度泥沙是粉沙质海岸航道淤积的主要原因，推移质输沙和上部水体中的悬沙对航道淤积不起主要作用。从本章前面的分析可知，粉沙质海岸岸坡平缓，波浪通常以崩破形式破碎，破碎产生的紊动不能作用到底部，仅对上部水体中泥沙含量有影响，除近岸区外，破碎作用产生的含沙量占总含沙量的比例较小。因此对 -2m 等深线以外的航道淤积强度进行估计时可以仅考虑底部高浓度水体的作用，忽略波浪破碎作用的影响。为了工程应用方便，这里我们从第 3 章建立的悬沙分布模型和第 5 章的模拟结果出发导出航道淤积计算的简化公式。

若水体中泥沙浓度和速度分布分别为 c 和 u，则底部高浓度含沙水体的单宽输沙率 Q_s 为[5]

$$Q_s = \int_{z_c}^{\delta_s} uc\mathrm{d}z = \alpha_1 S_s U_s \delta_s \tag{7-2}$$

式中，S_s 和 U_s 分别为高浓度含沙水体内平均含沙量、平均流速；δ_s 为高浓度含沙水体厚度；α_1 为比例系数。

挟沙水流中流速分布与泥沙和水流紊动的相互作用有关，是一个复杂问题，还需要更深入的研究[10]。这里假设高浓度水体中平均流速 U_s 与清水中相同高度内的平均流速 U_{s0} 成比例，则

$$U_s = \alpha_2 U_{s0} = \alpha_2 \frac{u_{*c}}{\kappa}\left[\ln\left(\frac{\delta_s}{z_0}\right) - 1\right] \tag{7-3}$$

式中，α_2 为比例系数。

从第 2、3 章悬沙浓度垂线分布模型的建立可知，泥沙浓度主要与掺混速度、掺混长度以及泥沙沉速有关。在高含沙情况下，还要考虑泥沙对水流紊动的抑制作用以及泥沙群体沉降速度的影响。根据前面章节的理论分析，高浓度含沙水体内平均掺混速度 w_{ms} 和掺混长度 l_s 可分别表示为

$$w_{ms} = \alpha_3 u_{*wc} \tag{7-4}$$

$$l_s = \alpha_4 \delta_s \tag{7-5}$$

式中，α_3 和 α_4 为比例系数；u_{*wc} 为波流共同作用下的摩阻流速。平均的泥沙群体沉降速度和紊动抑制函数分别为

$$\omega_s = \alpha_5 \omega_{s0} \tag{7-6}$$

$$\varphi_{ds} = \alpha_6 \varphi_{da} \tag{7-7}$$

式中：

$$\varphi_{da} = \varphi_{fs}\left[1 + \left(\frac{c_a}{\rho_s c_{gel,s}}\right)^{0.8} - 2\left(\frac{c_a}{\rho_s c_{gel,s}}\right)^{0.4}\right] \tag{7-8}$$

式(7-8)为以近底含沙量表示的抑制函数，α_5 和 α_6 为比例系数。

根据式(7-4)~式(7-7)，结合式(2-5)和式(2-10)，可得高浓度含沙水体内的平均含沙量为

$$S_s = \alpha' \frac{c_a w_{*wc} \varphi_{da}}{\omega_{s0}}\left\{1 - \exp\left[-\frac{(\delta_s - z_r)\omega_{s0}}{\alpha' \delta_s w_{*wc} \varphi_{da}}\right]\right\} \tag{7-9}$$

式中，$\alpha' = \alpha_3 \alpha_4 \alpha_6 / \alpha_5$，根据第5章模拟结果可取为0.02。

高含沙水体厚度，既与水动力强度有关，又涉及泥沙浓度的垂线分布，精确确定较为复杂。这里将高浓度含沙水体厚度直接与波浪强度联系，根据第五章模拟结果，可初步认为

$$\delta_s = \alpha_7 A \tag{7-10}$$

式中，A 为波浪边界层水质点轨迹运动振幅；α_7 为比例系数，取为0.6。

由式(7-2)、式(7-3)、式(7-9)和式(7-10)可确定底部高浓度含沙水体的单宽输沙率。若水流流动方向与航道方向夹角为 θ，航道宽度为 b，则时间 t 内航道淤积厚度 η 可表示为

$$\eta = \frac{Q_s t\sin\theta}{b\gamma_s} = \chi \frac{t c_a u_{*c} u'' * \mathrm{wc} \varphi_{da} \delta_s \sin\theta}{\omega_{s0} \kappa b \gamma_s}\left[\ln\left(\frac{\delta_s}{z_0}\right) - 1\right]\left\{1 - \exp\left[-\frac{(\delta_s - z_r)\omega_{s0}}{\alpha' \delta_s w_{*wc} \varphi_{da}}\right]\right\} \tag{7-11}$$

式中，γ_s 为泥沙干重度；$\chi = \alpha_1 \alpha_2 \alpha_3 \alpha_4 \alpha_6 / \alpha_5$ 为综合系数，取为0.012。

7.4.2 概化海岸上航道淤积强度的估计

实际海岸上情况复杂，除了波浪和水流条件外，局部地形变化、航道附近的建筑物、抛泥等因素也可能对航道淤积产生影响。这里结合实际海岸水流运动特点，分别对8级和6级风况下概化海岸上航道淤积强度进行估计。根据黄骅港附近海域水流运动特点[96,117,161]，可设置航道附近平均流速为0.4m/s，水流与航道交角为30°。波浪条件根据前面计算的结果取全潮平均值。淤积持续时间设定为50h。利用式(7-11)，分别对2~11m等深线处航道淤积量进行计算，计算结果如图7-13所示。8级风况下，航道淤积明显；最大淤积厚度接近3m，出现在-5~-6m等深线附近；随着水深的加大，淤积厚度逐渐减小，在-11m等深线处仍然有1m左右的淤

积厚度;随着水深的减小,淤积厚度也有明显的减小。此外,-2m等深线处已较为靠近岸线,8级风况下波浪破碎作用产生含沙量约占总含沙量的35%,此处航道淤积计算不考虑波浪破碎影响可能会有一定的偏差。6级风况时,航道淤积不明显,在-2m等深线处淤积厚度为0.43m,随着水深的加大,淤积厚度逐渐减小,至-11m等深线处淤积厚度仅为0.015m。这与以往的研究和实际情况是一致的[96,192],说明本章所建立的航道淤积公式有一定的适用性。考虑到实际海岸上情况复杂,该公式在更广范围内的适用性还需进一步验证或修正。

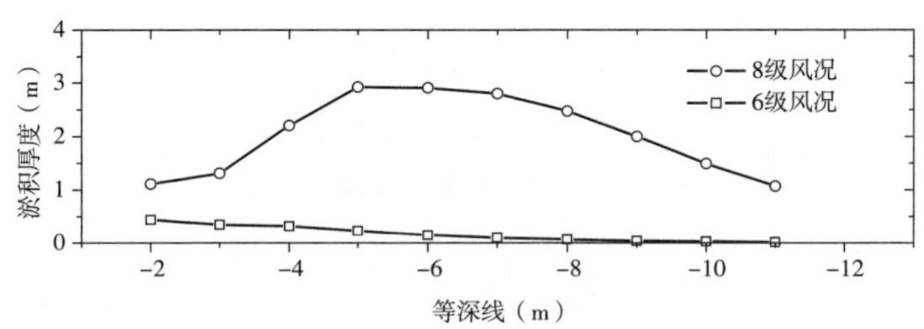

图7-13　8级、6级风况下航道淤积厚度[式(7-11)]

7.4.3　关于采用平均含沙量估计航道淤积强度的进一步讨论

二维泥沙数学模型中,通常采用窦国仁等的公式对床面变形进行估计[93,96]。该床面变形公式为

$$\gamma_s \frac{\partial \eta}{\partial t} = \alpha\omega_s(S - S_{wc}) \tag{7-12}$$

式中,α为恢复饱和系数。

在淤积情况下,恢复饱和系数表示超出挟沙能力多余部分泥沙沉降到床面的概率,其值一般小于1。但在粉沙质海岸的航道淤积计算时,如果α的取值仍然小于1,则计算得到的航道淤积量明显偏小。这里α取为7.3,采用与7.4.2节相同的设置,利用式(7-12)对8级风况下航道淤积厚度进行估计,结果如图7-14所示。比较图7-14和图7-13可见,两种方法计算得到的航道淤积厚度接近。

α的取值大于1,似乎与恢复饱和系数的含义有所矛盾。以往的研究中[96,187],常根据实测回淤资料确定α的取值,其范围通常在7.0~7.5之间,为避免概念上的混淆,在航道淤积计算时将α称为经验回淤系数。事实上,从前面的研究中不难发现,这一看似矛盾的现象,实际上并不矛盾。粉沙质海岸上航道淤积主要是靠近床面的高浓度含沙水体不平衡输沙,进入航道后全部落淤的结果,只有通过对含沙量的垂线分布进行描述才能反映这一现象,而水深平均含沙量S与挟沙能力S_{wc}之差仅表示当前水流条件下整个水深中悬浮泥沙与饱和含沙量的差异,不能反映底部高浓度现象,因此从实测回淤资料确定的 α 才会明显大于1。两种方法得到相近的计算结果,说明在航道淤积计算时 α 取大于1的值正是高浓度含沙水体在航道淤积作用的体现。

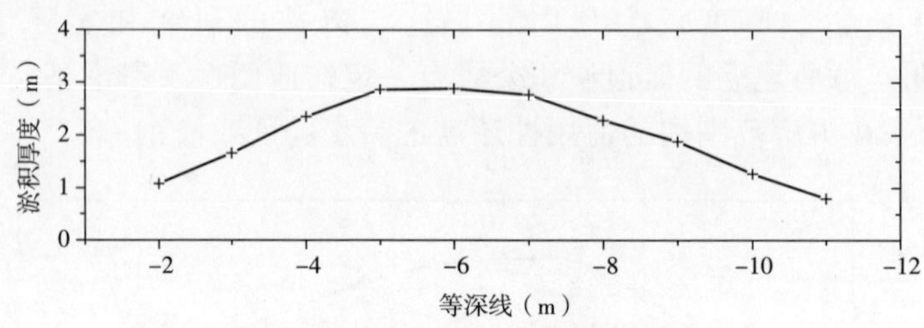

图7-14　8级风况下航道淤积厚度[式(7-12)]

7.5　本章小结

本章利用第6章改进的挟沙能力模型,从宏观角度分析了粉沙质海岸上波浪因素对泥沙运动的影响。为了避免地形局部突然变化等不确定因素在分析过程中产生不必要的麻烦,依照黄骅港附近海域特征,构造了概化海岸。考虑波浪和潮流之间的相互作用,ADCIRC潮流模型和SWAN波浪模型进行耦合计算得到潮流场和波浪场。对应8级、6级、5级和4级风况对不同海况下波浪的影响范围以及含沙量横向分布特征进行了分析。当风级超过5级后,波浪的影响范围扩大较快,反映了大风天气对航道淤积危害更大的事实。波浪底部剪切力和破碎产生含沙量占总含沙量比例的定量分析说明,除非常靠近岸线的区域外,波浪破碎因素在平缓海岸上对含沙量横向分布的影响是比较有限的。本章还在前面章节航道淤积机理研究的基础上,建立了航道淤积计算公式,对概化粉沙质海岸的航道淤积进行了分析,结果表明该公式能够较为合理地反映航道淤积厚度变化规律。本文的研究结果也表明,在利用二维波流挟沙能力数学模型模拟粉沙质海岸航道淤积时,经验回淤系数取为7.3是合理的,反映了底部高浓度泥沙沉积是航道淤积的主要原因。

本章得到的公式和结论可为粉沙质海岸工程建设提供参考,具有一定的工程实用价值。但需要指出的是,本研究从机理研究角度进行分析,采取了一系列概化措施,忽略了实际海岸中某些特征,如建筑物、风应力对局部水流影响等,在实际应用时应结合具体问题进行分析。

第8章　结论与展望

8.1　主要结论

本书对粉沙质海岸泥沙运动和航道淤积机理进行了研究，主要分为两部分。第一部分，在 Nielsen 和 Teakle 最近提出的有限掺混长度理论基础上，对单向水流、波浪以及波流共同作用下泥沙悬浮机理和含沙量的垂向分布规律进行了研究，并对高浓度含沙水体中泥沙和紊动强度特性进行了初步分析，最终建立了波流共同作用下考虑高浓度现象的悬沙浓度垂线分布模型。在此研究基础上，对 Wai 和 Jiang 联合开发的三维泥沙输运模型进行了改进。利用改进后的模型对粉沙质海岸的航道淤积现象进行了模拟和分析。第二部分，依据波浪破碎前后波能演变规律，对窦国仁波浪挟沙能力公式进行了改进，加入了波浪破碎因素，确定了公式中的关键系数。利用改进后的挟沙能力模型分析了粉沙质海岸上波浪特别是破碎因素对悬浮泥沙横向分布的影响。最后，在综合前面研究结论的前提下，建立了航道淤积计算公式，并对概化粉沙质海岸的航道淤积进行了分析。上述工作的完成，加深了对粉沙质海岸泥沙运动规律的认识，解释了粉沙质海岸上高浓度含沙水体在航道淤积过程中的作用，定量地阐明了波浪因素特别是破碎作用对粉沙质海岸悬沙横向分布的影响，对航道淤积量进行了合理估计，为今后解决工程实际问题打下了良好的基础。

主要结论如下：

(1)在研究单向水流中悬移质含沙量垂向分布时发现，泥沙和水流因为自身性质的不同，其掺混长度也不同，泥沙掺混长度可能大于也可能小于水体掺混长度。泥沙粒径和浓度大小对泥沙掺混长度都有影响，泥沙粒径越大，掺混长度越大，浓度越高，泥沙掺混长度越小。所建模型计算结果与实测结果吻合较好，表明有限掺混长度理论对扩散理论的改进是合理的。

(2)波浪水流中，边界层附近水流紊动是泥沙悬浮的主要原因，远离边界层的上部水体，水流紊动已经非常微弱，波浪水质点轨迹运动是促使泥沙悬浮的主要因素。从现有的波浪悬沙数据可知，上部水体中波浪携带泥沙的能力主要与波浪自身强度有关,与泥沙粒径大小无关。掺混长度公式中系数 λ 随波浪强度增大而减小。

(3)通过分析 Lamb 等实验数据可知,在波浪形成的高浓度含沙水体中,紊动强度仍然遵循指数分布形式,但紊动强度大小比同等波浪条件下清水中的紊动强度小,表现为摩阻流速随泥沙浓度的增大而减小;高浓度含沙水体中,泥沙存在明显的分层现象,泥沙掺混长度明显小于同等条件下清水中的掺混长度。以上结论表明,悬浮泥沙对水流紊动有抑制作用,既使紊动强度减弱,又使紊动尺度减小。

(4)在单向水流、波浪水流以及高浓度含沙水体研究的基础上,采用紊动制约函数直接修正扩散系数的方法,建立了波流共同作用下考虑高浓度现象的悬沙浓度垂线分布模型。与流强波弱、波强流弱和波流相当三种情况实验值的比较,以及与 van Rijn 模型计算结果的比较,表明所建模型能够更准确地反映实际现象。该模型考虑了泥沙与水流紊动的相互作用,对泥沙抑制紊动现象进行了描述,反映了粉沙质海岸高浓度含沙水体的形成机理。

(5)利用本书所建立的悬沙分布理论模型,对 WJ 三维泥沙输运数学模型进行了改进,并对粉沙质海岸航道淤积现象进行了模型研究,结果表明:

①航道内水流流速分布和泥沙浓度分布都较航道外更为均匀。

②强浪是形成底部高浓度含沙水体的根本原因,悬浮泥沙跨越航道时,近底高浓度部分沉积在航道中是航道淤积的主要因素,上部水体泥沙对航道淤积基本不起作用。

③高浓度含沙水体厚度受水深和波浪强度的影响,从模拟结果可知,浅滩上含沙量大于 20kg/m^3 的水体厚度在 0.8m ~ 1.25m 之间,约为 0.1 ~ 0.2 倍水深。

④从推移质输沙量的初步估计可知,粉沙质海岸上泥沙仍然以悬移形式运动为主,推移质输沙不是造成航道淤积的主要原因。

(6)利用考虑波浪破碎因素的挟沙能力模型对岸滩平缓的粉沙质海岸上波浪因素对泥沙运动的影响进行了分析,结果表明:

①风级超过 5 级后,随着风级的增加,波浪对泥沙运动的影响范围扩大很快,反映了大风天气对港口危害更大的事实。

②波浪破碎因素对泥沙运动的影响范围有限,且随着风级的不同成非线性变化,风级从 4 级增大 5 级时,影响范围仅从 1m 等深线以内扩大到 0.5m 等深线以内,风级从 5 级增大到 6 级和 8 级时,影响范围扩大快,从 0.5m 等深线以内分别扩大到 -3.5m 和 -10m 等深线以内。

③波浪底部剪切力和破碎产生含沙量占总含沙量比例的定量分析说明,波浪破碎因素对含沙量的贡献十分有限,6 级和 8 级风况时,-4m 等深线处波浪破碎产生的含沙量仅占总含沙量的比例在 10 ~ 32% 之间,0m 等深线处最大比例也不超过 61%。

④在粉沙质海岸上波浪以不太强烈的崩破波形式破碎,不是悬浮泥沙的主要原因,底部剪切力起着主重要作用。

(7)在综合前面研究结论的前提下,建立了航道淤积计算公式,并对粉沙质海岸上航道淤积进行了分析,结果表明该公式能够较为合理地反映航道淤积厚度变化规律。

8.2 研究展望

本书通过建立泥沙运动的理论模型,并对泥沙数学模型进行了改进,对粉沙质海岸泥沙运动和航道淤积进行了研究,得到了一些结论和成果。但由于粉沙质海岸泥沙运动的复杂性,受现有实验和认识水平的制约,还有很多问题需要深入探索,作者认为,下面几个方面有待进一步研究:

(1)悬浮泥沙问题本质上属于固液两相流范畴,泥沙和水流之间的作用是相互的。本书采用有限掺混长度理论,克服了扩散理论中引入菲克定律的不足,并在泥沙模型中考虑了水流紊动受制约后挟沙能力减弱的特点,但对水流紊动受制约后流速的变化还缺乏深入研究,建立能够同时反映泥沙分布和流速变化的模型是今后努力的方向。

(2)天然泥沙由多种不同组分的泥沙颗粒所构成,是非均匀的,运动过程中存在分选等现象,完善悬沙分布模型使其能够准确反映泥沙的非均匀特性也是一项重要的工作。

(3)结合波浪破碎机理,建立破碎波条件下的悬沙浓度分布模型,形成完整的垂向悬沙浓度分布模型,对于完整描述海岸泥沙的悬沙分布具有重要意义。

(4)更为合理地确定底部参考浓度将有助于进一步提高泥沙数学模型的预测精度。

(5)对真实海况下航道淤积现象进行模拟,进一步揭示航道淤积过程,为解决粉沙质海岸上航道淤积问题提供参考。

(6)收集更多破碎波悬沙数据,特别是现场数据,对现有挟沙能力模型系数进行验证或校正,使其能够适用于不同种类的海岸。

(7)采用并行计算技术是三维泥沙数学模型在实际海岸上广泛应用的必由之路。因此,进一步发展高效并行算法,优化计算和数据存储以加快计算速度,在算法上进行改进也是十分必要的。

(8)絮凝现象是黏性泥沙区别于非黏性泥沙的根本特征,将现有悬沙模型与絮凝机理研究相结合用于研究黏性泥沙悬浮规律也是一项有意义的工作。

参考文献

[1] 赵今声, 赵子丹, 秦崇仁,等. 海岸河口动力学[M]. 北京:海洋出版社, 1993.

[2] Goda Y. A new approach to beach morphology with the focus on suspended sediment transport[C]. Proceeding of APACE, 2001:1-25.

[3] 曹祖德. 我国海岸泥沙运动数值模拟[A]. 严恺主编: 海岸工程[M]. 北京: 海洋出版社, 2001: 665-666.

[4] 曹祖德, 焦桂英, 赵冲久. 粉沙质海岸泥沙运动和淤积分析计算[J]. 海洋工程, 2004, 22(1): 59-65.

[5] 赵冲久. 近海动力环境中粉沙质泥沙运动规律的研究[D]. 天津: 天津大学, 2003.

[6] 张庆河, 张金凤, 杨华,等. 粉沙质海岸港口布置模式探讨[J]. 中国港湾建设, 2005, (1): 6-20.

[7] 张庆河, 吴相忠, 杨华,等. 黄骅港外航道整治工程有关问题的探讨[J]. 水运工程, 2007, (2): 74-78.

[8] 倪晋仁, 惠遇甲. 悬移质浓度垂线分布的各种理论及其间关系[J]. 水利水运科学研究, 1988, (1): 83-95.

[9] 倪晋仁, 梁林. 水沙流中的泥沙悬浮(I)[J]. 泥沙研究, 2000, (1): 7-12.

[10] 钱宁, 万兆惠. 泥沙运动力学[M]. 北京:科学出版社, 1983.

[11] 张瑞瑾, 谢鉴衡, 等. 河流泥沙动力学[M]. 北京: 中国水利电力出版社, 1988.

[12] 刘大有. 从二相流方程出发研究平衡输沙—扩散理论和泥沙扩散系数的讨论[J]. 水利学报, 1995, (4): 62-67.

[13] 刘大有. 现有泥沙理论的不足和改进—扩散模型和菲克定律适用性的讨论[J]. 泥沙研究, 1996, (3): 40-45.

[14] 傅旭东, 王光谦. 传统泥沙扩散方程的误差分析[J]. 泥沙研究, 2004, (4): 33-38.

[15] Nielsen P, Teakle IAL. Turbulent diffusion of momentum and suspended particles: A finite-mixing-length theory[J]. Physics of Fluids, 2004, 16(7): 2342-2348.

[16] McTigue DF. Mixing theory for suspended sediment transport[J]. J. Hydr.

Div. , ASCE, 1981, 107(6): 659-673.

[17] 蔡树棠. 相似理论和泥沙的垂线分布[J]. 应用数学和力学, 1982, 3(5).

[18] 周培源. 涡量脉动的相似性结构与湍流理论[J]. 力学学报, 1959, (3): 284-197.

[19] Matalas NC. Introduction to random walk and its application to open channel flow [M]. Stochastic Hydraulics, Ed. Chiu, C. L. , 1970: 56-65.

[20] Bayazit M. Stochastic methods for motion of suspended grains[A]. The 15th IAHR, 1973, 5: 31-34.

[21] 倪晋仁, 周东火. 低浓度固液两相流中泥沙浓度垂直分布的摄动理论解释[J]. 水利学报, 1999, (5): 1-5.

[22] 李勇, 余锡平. 基于两相紊流模型的悬移质泥沙运动数值模拟[J]. 清华大学学报(自然科学版), 2007, 47(6): 805-808.

[23] 王兴奎, 邵学军, 王光谦,等. 河流动力学[M]. 北京: 科学出版社, 2004.

[24] van Rijn LC. Sediment transport, part Ⅱ: Suspended load transport[J]. Journal of Hydraulic Engineering, 1984, 110(11): 1613-1641.

[25] 武汉水利水电学院. 河流泥沙工程学[M]. 北京:水利水电出版社, 1981.

[26] Wang XK, Qian N. Turbulence characteristics of sediment-laden flow[J]. Journal of Hydraulic Engineering, ASCE, 1989, 115(6): 781-800.

[27] 张小峰, 陈志轩. 关于悬移质含沙量垂线分布的几个问题[J]. 水利学报, 1990, (10): 41-48.

[28] Ni JR, Wang GQ. Vertical sediment distribution[J]. Journal of hydraulic Engineering, 1991, 117(9): 1184-1194.

[29] Wikramayake PN. Velocity profiles and suspended sediment transport in wave-current flows [D]. Ph. D. Dissertation, Massachusetts Institute of Technology, 1993.

[30] Sistermans PGJ. Graded sediment transport by non-breaking waves and a current [R]. Report, Delft University of Technology, 2002.

[31] White TE. Status of measurement techniques for coastal sediment transport[J]. Coastal Engineering, 1998, 35:17-45.

[32] Jonsson IG. Measurements in the turbulent wave boundary layer[A]. The 10th Congress, Int. Assoc. of Hydraul. Rcs. , London, 1963.

[33] Kamphuis M. Friction factor under oscillatory waves[J]. Journal of Waterway, Harbors and Coastal Engineering Division, 1975, 101(2):135-144.

[34] Jonsson IG, Carlsen NA. Experimental and theoretical investigations in an oscillatory turbulent boundry layer[J]. Journal of Hydraulics Research, 1976, 14: 45-60.

[35] Hino M. Experiments on the turbulent ststictics and the structure of a reciprocating oscillatiry flow[J]. Journal of Fluid Mechanics, 1983, 131: 363-400.

[36] Sleath JFA. Turbulent oscillatory flow over rough beds[J]. Journal of Fluid Mechanics, 1987, 182: 369-409.

[37] Jensen BL. Tubulent oscillatory boundary layer at high Reynolds numbers[J]. Journal of Fluid Mechanics, 1989, 206: 265-297.

[38] Thorne PD, Williams JJ, Davies AG. Suspended sediments under waves measured in a large-scale flume facility[J]. Journal of Geophysical research, 2002, 107(C8): 3178.

[39] Dang HC. Diffusion approach for suspended sand transport under waves[J]. Journal of Coastal Research. 2003, 19(1): 1-11.

[40] Smith JD. Modeling of sediment transport in continental shelves[R]. Technical Report, Washington University, 1977.

[41] Grant WD, Madsen OS. Combined wave and current interaction with a rough bottom[J]. Journal of Hydraulic Research, 1979, 84: 1797-1808.

[42] Mayhaug D. On a theoretical model of rought turbulent wave boundary layers[J]. Ocean Engineering, 1982, 9: 547-565.

[43] Kennedy J F, Locher FA. Sediment suspension by water waves [A]. Waves on Beaches and Resulting Sediment Transport [C]. New York: Academic Press, 1972.

[44] Kos'yan RD. Vertical distribution of suspended sediment concentrations of seawards of the breaking zone[J]. Coastal Engineering, 1985, 9: 171-187.

[45] Nielsen P. Coastal bottom boundary layers and sediment transport[M]. Singapore: World Scientific Publishing Co. Pte. Ltd., 1992.

[46] Absi R. On the effect of sand grain size on turbulent mixing[C]. 30th International Conference on Coastal Engineering, ASCE, 2006: 3019-3029.

[47] Kobayashi N, Zhao HY, Tega Y. Suspended sand transport in surf zones[J]. Journal of geophysical research, 2005, 110, C12009, doi: 10.1029/2004JC002853.

[48] 严冰，张庆河. 波浪作用下悬沙浓度垂线分布的研究[J]. 泥沙研究，2006,

(5): 63-68.

[49] Kemp PH, Simons RR. The interaction between waves and a turbulent currents: waves propagating with the current[J]. Journal of Fluid Mechanics, 1982, 116: 227-250.

[50] Asano T, Nagakawa M, Iwagaki Y. Changes in current profiles due to wave superimposition[C]. Proc. 20th Int. Conf. Coastal Engineering, Taipei, 1986: 925-940.

[51] 练继建, 赵子丹. 波流共存场中全水深水流流速分布[J]. 海洋通报, 1994, 13(3): 1-10.

[52] van Rijn LC. Sediment transport and budget of the central coastal zone of Holland [J]. Coastal Engineering, 1993, 32: 61-90.

[53] Li MZ, Amos CL, Heffler DE. Boundary layer dynamics and sediment transport under storm and non-storm conditions on the Scotian Shelf[J]. Marine Geology, 1997, 141: 157-181.

[54] You ZJ. Eddy viscosities and velocities in combined wave current flows[J]. Ocean Engineering, 1994, 21: 81-97.

[55] Glenn SM, Grant WD. A suspended sediment correction for combined wave and current flows[J]. Journal of Geophysical research, 1987, 92(C8): 8244-8246.

[56] Styles R, Glenn SM. Modelling stratified wave and current bottom boundary layers on the continental shelf[J]. Journal of Geophysical research, 2000, 105(C10): 24119-24140.

[57] van Rijn LC. Sedimentation of dredged channels by currents and waves[J]. Journal of Waterway, Port, Coastal and Ocean Engineering, 1986, 112(5): 541-559.

[58] van Rijn LC. Unified view of sediment transport by currents and waves. : suspended transport[J]. Journal of Hydraulic Engineering, 2007, 133(6): 668-689.

[59] Williams JJ, Rose CP, van Rijn LC. Suspended sediment concentration profiles in wave-current flows[J]. Journal of Hydaulic Engineering, 1999, 125(9): 906-911.

[60] Chen ZW. Sediment concentration and sediment transport due to action of waves and a current[D]. Ph. D. Dissertation, Delft University of Technology, 1992.

[61] van Rijn LC, Nieuwjaar MWC, et al. Transport of fine sands by currents and waves[J]. Journal of Waterway, Port, Coastal and Ocean Engineering, 1993,

119(2): 123-143.

[62] van Rijn LC, Havinga FJ. Transport of fine sands by currents and waves II[J]. Journal of Waterway, Port, Coastal and Ocean Engineering, 1995, 121(2): 123-133.

[63] Nielsen P. Field measurements on time-averaged suspended sediment concentrations under waves[J]. Coastal Engineering, 1984, 8: 51-72.

[64] Green MO, Vincent CE, Trembanis AC. Suspended of coarse and fine sand on a wave-dominated shoreface, with implications for the development of rippled scour depressions[J]. Continental Shelf Research, 2004, 24: 317-335.

[65] Wright LD, Sherwood CR, Sternberg RW. Field measurements of fair-weather bottom boundary layer processes and sediment suspension on the Louisiana inner continental shelf[J]. Marine Geology, 1997, 140: 329-345.

[66] Kagan BA, Alvarez O, Izquierdo A, et al. Weak wave/tide interaction in suspended sediment-stratified flow: a case study[J]. Estuarine, Coastal and Shelf Science, 2003, 56: 989-1000.

[67] 时钟，凌鸿烈. 长江口细颗粒悬沙浓度垂线分布[J]. 泥沙研究, 1999, (2): 59-64.

[68] 神华集团黄骅港建设指挥部，交通部天津水运工程科学研究所. 黄骅港泥沙淤积研究资料汇编[R]. 2003.

[69] Kirby R, Parker WR. Distribution and behavior of fine sediment in the Severn Estuary and Inner Bristol Channel[J]. U. K. Canadian Journal of Fishery and Aquatic Sciences, 1983, 40(Suppl. 1): 83-95.

[70] 曹祖德，侯志强，张书庄. 复式航道的淤积计算[J]. 水运工程, 2006, (4): 54-72.

[71] Lamb MP, D'Asaro E, Parsons JD. Turbulent structure of high-density suspensions formed under waves [J]. Journal of geophysical research, 2004, 109 (C12), C12026, doi: 10.1029/2004JC002355.

[72] Lamb MP, Parsons JD. High-density suspension formed under waves[J]. Journal of sedimentary research, 2005, 75(3): 386-397.

[73] Turner JS. Buoyancy effects in fluid[M]. Cambridge University Press, New York, 1973.

[74] Balmforth NJ, Llewellyn, Smith SG, Young WR. Dynamics of interfaces and layers in a stratified turbulent fluid[J]. Journal of Fluid Mechanics, 1998, 355:

329-358.

[75] Winterwerp, JC. Stratification effects by fine suspended sediment at low, medium, and very high concentration[J]. Journal of Geophysical Research, 2006, 111, C05012, doi:10.1029/2005JC003019.

[76] Winterwerp JC. Stratification effects by cohesive and noncohesive sediment [J]. Journal of Geophysical Research, 2001, 106(C10): 22559-22574.

[77] Gilbert GK. The transportation of debris by running water[R]. U.S. Geological Survey, Professional Paper, No. 86, 1914.

[78] 刘家驹. 在风浪和潮流作用下淤泥质浅滩含沙量的确定[J]. 水利水运科学研究, 1988, 2: 69-77.

[79] 中华人民共和国交通运输部. JTJ213-98 港口水文规范[S]. 北京: 人民交通出版社, 1998.

[80] 窦国仁, 董风舞, Dou Xibing. 潮流和波浪的挟沙能力[J]. 科学通报, 1995, 40(5): 443-446.

[81] 曹文洪, 张启舜. 潮流和波浪作用下悬移质挟沙能力的研究[J]. 泥沙研究, 2000, (5): 16-21.

[82] 曹文洪, 刘青泉. 波浪掀沙的动力学机理分析[J]. 水利学报, 2000, (1): 49-59.

[83] 罗肇森. 风、浪、流共同作用下的泥沙输移[J]. 水利水运工程学报, 2004, (3): 1-6.

[84] 乐培九, 杨细根. 波浪和潮流共同作用下的输沙问题[J]. 水道港口, 1998, (3): 80-84.

[85] 曹祖德, 李蓓, 孔令双. 波、流共存时的水体挟沙力[J]. 水道港口, 2001, 22(4): 151-155.

[86] 郗殿纲. 粉沙质与淤泥质浅滩在风浪和水流作用下的挟沙能力[J]. 港工技术, 1995, (1): 8-14.

[87] 周济福, 曹文洪, 杨淑慧, 等. 河口泥沙研究的进展[J]. 泥沙研究, 2003, (6): 75-81.

[88] 严世强, 熊德琪. 潮流数值模拟研究进展[J]. 浙江海洋学院学报(自然科学版), 2002, 21(3): 263-269.

[89] 秦崇仁, 赵冲久. 海岸泥沙运动研究综述和展望[J]. 水道港口, 2003, 24(2): 65-67.

[90] 远航, 于定勇. 潮流与泥沙模拟回顾及进展[J]. 海洋科学进展, 2004, (1):

100-109.
[91] 李孟国. 海岸河口泥沙数学模型研究进展[J]. 海洋工程, 2006, 24(1): 139-154.
[92] 窦希萍, 罗肇森. 波浪潮流共同作用下的二维泥沙数学模型[J]. 水利水运科学研究, 1992, (4): 331-338.
[93] 陆永军, 左利钦, 王红川, 等. 波浪与潮流共同作用下二维泥沙数学模型[J]. 泥沙研究, 2005, (6): 1-12
[94] 陆永军, 左利钦, 季荣耀, 等. 渤海湾曹妃甸港区开发对水动力泥沙环境的影响[J]. 水科学进展, 2007, 18(6): 793-800.
[95] 朱志夏, 韩其为, 丁平兴. 海岸悬沙运移数学模型[J]. 海洋学报, 2002, 24(1): 101-107.
[96] 张庆河, 侯凤林, 夏波, 等. 黄骅港外航道淤积的二维数值模拟[J]. 中国港湾建设, 2006, (5): 6-9.
[97] 李孟国, 时钟. 江苏如东西太阳沙及烂沙样海域潮流泥沙数学模拟[J]. 海洋通报, 2005, 24(6): 9-16.
[98] 徐峰俊, 刘俊勇. 伶仃洋海区二维不平衡非均匀输沙数学模型[J]. 水利学报, 2003, (7): 16-23.
[99] 邹舒觅, 林缅. 波浪和风生浪作用下的近岸海底泥沙运移模型的推广和应用[J]. 地球物理学进展, 2007, 22(1): 273-278.
[100] HydroQual. A primer for ECOMSED. 2002, HydroQual, Inc. NJ., USA.
[101] Schepetkin AF, McWilliams JC. The regional oceanic modeling system (ROMS): a split-explicit, free-surface, topography-following-coordinate oceanic model[J]. Ocean Modelling, 2003, 9(4): 347-404.
[102] 王红. 三维多组分泥沙数学模型及其应用[D]. 天津: 天津大学, 2007.
[103] 曹祖德, 王运洪. 水动力泥沙数值模拟[M]. 天津: 天津大学出版社, 1994.
[104] 李孟国, 时钟, 秦崇仁. 伶仃洋三维潮流输沙的数值模拟[J]. 水利学报, 2003, (4): 51-57.
[105] 白玉川, 顾元棪, 蒋昌波. 潮流波浪联合输沙及海床冲淤演变的理论体系与数学模拟[J]. 海洋与湖沼, 2000, 31(2): 187-195.
[106] 赵群. 基于SWAN和ECOMSED模式的大风作用下黄骅港波浪、潮流、泥沙的三维数值模拟[J]. 泥沙研究, 2007, (4): 17-26.
[107] 张娜. 风浪作用下粘性泥沙运动的三维数值模型[D]. 天津: 天津大学, 2005.

[108] 陈国祥，陈界仁，沙捞·巴里．三维泥沙数学模型的研究进展[J]．水利水电科技进展，1998，18(1)：13-20.
[109] 孔令双，曹祖德，李炎保．粉沙质海岸建港的若干泥沙问题[J]．中国港湾建设，2004，(3)：24-27.
[110] 高学平，秦崇仁，赵子丹．板结粉沙运动规律的研究[J]．水利学报，1994，(12)：1-6.
[111] 徐宏明，张庆河．粉沙质海岸泥沙特性实验研究[J]．泥沙研究，2000，(3)：42-49.
[112] 张庆河，张娜，胡嵋，等．黄骅港泥沙静水沉降特性研究[J]．港工技术，2005，(3)：1-4.
[113] 赵冲久，刘富强．粉沙质海岸泥沙运动特点的实验研究[J]．水道港口，2002，23(4)：259-261.
[114] 韩鸿胜，李世森，赵群，等．破碎波作用下粉沙悬移质浓度垂向分布的实验研究[J]．泥沙研究，2006，(6)：30-36.
[115] 王成环．京唐港附近海域粉砂质海岸泥沙运动规律与整治措施[J]．港工技术，2000，(1)：5-8.
[116] 张庆河，王崇贤，杨华，等．黄骅港海域表层泥沙特性及其影响[J]．中国港湾建设，2004，(4)：14-17.
[117] 杨华，侯志强．黄骅港外航道泥沙淤积问题研究[J]．水道港口，2004，24(3)：59-63.
[118] Sun LY, L JJ, Sun B, et al. Study on siltation in the access channel and engineering solutions of the JingTang Port[A]. Proceedings of 3th Conference on Asian and Pacific Coasts, Korea[C], 2005: 1154-1163.
[119] 刘家驹．粉沙淤泥质海岸的航道淤积[J]．水利水运工程学报，2004，(1)：6-11.
[120] 罗肇森．波、流共同作用下的近底泥沙输运及航道骤淤预报[J]．泥沙研究，2004，(6)：1-9.
[121] 韩西军．粉砂质海岸泥沙淤积的研究[J]．水道港口，1996，(3)：22-28.
[122] Zhang JX, Liu H. A vertical 2-D numerical simulation of suspended sediment transport[J]. Journal of Hydrodynamics, Ser. B, 2007, 19(2): 217-224.
[123] Taylor GI. Diffusion by continuous movements[A]. Proc. London Math. Soc. Ser. A[C], 1921, 20: 196-212.
[124] 倪晋仁，梁林．水沙流中的泥沙悬浮(Ⅱ)[J]．泥沙研究，2000，(1)：

13-19.

[125] 陈士萌，顾家龙，吴宋仁. 海岸动力学[M]. 北京：人民交通出版社，1995.

[126] Hino M. Turbulent flow with suspended particles[J]. J. Hyd. Div. Proc. ASCE, 1963, 89(4): 165-185.

[127] Yalin MS. Mechanics of sediment transport[M]. New York: Pergamon Press, 1972.

[128] Nezu I, Nakagawa H. Turbulence in open channel flows[M]. IAHR Monograph, Balkema, Rotterdam, 1993.

[129] Lyn DA. A similarity approach to turbulent sediment-laden flows in open-channels[J]. Journal of Fluid Mechanics, 1988, 193: 1-26.

[130] Muste M, Patel VC. Velocity profiles for particles and liquid in open-channel flow with suspended sediment[J]. Journal of Hydraulic Engineering, 1997, 123(9): 742-751.

[131] Yang SQ, Tan SK, Lin SY. Velocity distribution and dip-phenomenon in smooth uniform open channel flows[J]. Journal of Hydraulic Engineering, 2004, 130(12): 1179-1186.

[132] Aziz NM, Bhattacharya SK, Prasad SN. Suspended sediment concentration profiles using conservation laws[J]. Journal of Hydraulic Research, 1992, 30(4): 539-554.

[133] Elata C, Ippen AT. The dynamics of open channel flow with suspensions of neutrally buoyant particles[R]. Technical Report No. 45, Hydrodynamics Lab., MIT, 1961.

[134] Teakle IAL. Coastal boundary layer and sediment transport modeling[D]. Ph. D. Dissertation, Queensland University, 2006.

[135] Cheng NS. Effect on concentration on settling velocity of sediment particles[J]. Journal of Hydraulic Engineering, 1997, 123(8): 728-731.

[136] Coleman NL. Effects of suspended sediment on the open-channel velocity distribution[J]. Water Resources Research, 1986, 22(10): 1377-1384.

[137] Wang XK, Qian N. Turbulence characteristics of sediment-laden flow[J]. Journal of Hydraulic Engineering, 1989, 115(6): 781-800.

[138] 周家俞. 挟沙水流泥沙颗粒悬浮规律的试验研究[D]. 武汉：武汉大学，2005.

[139] You ZJ, Wilkinson DL, Nielsen P. Velocity distribution of waves and currents in the combined flow[J]. Coastal Engineering, 1991, 15: 525-543.

[140] Graaff JV. Sediment concentration due to wave action[D]. Ph. D. Disserta-

tion, Delft University of Technology, 1988.

[141] Bagnold RA. Some flume experiments on large grains but little denser than the transporting fluid and their implications[C]. Institute Civil Engineers Proceedings, 1955, 174-205.

[142] Wijetunge JJ, Sleath JFA. Effects of sediment transport on bed friction and turbulence[J]. Journal of Water, Port, Coastal, and Ocean Engineering, 1998, 124(4): 172-178.

[143] Kovacs AE. Prandtl's mixing length concept modified for equilibrium sediment-laden flows[J]. Journal of Hydraulic Engineering, 1998, 124(8): 803-812.

[144] Absi R. Modeling turbulent mixing and sand distribution in the bottom boundary layer[C]. Coastal Dynamics 2005 Proceedings, ASCE, 2005, doi: 10.1061/40855(214)99.

[145] Trowbridge JH, Kineke GC. Structure and dynamics of fluid muds on the Amazon continental shelf[J]. Journal of Geophysical Research, 1994, 99(C1): 865-874.

[146] Kineke GC, Sternberg RW, Trowbridge JH, et al. Fluid-mud processes on the Amazon continental shelf[J]. Continental Shelf Research, 1996, 16: 667-696.

[147] Traykovski P, Geyer WR, Irish JD, et al. The role of wave-induced density-driven fluid mud flows for cross-shelf transport on the Eel River continental shelf [J]. Continental Shelf Research, 2000, 20: 2113-2140.

[148] 蒋德才，刘百桥，韩树宗. 工程环境海洋学[M]. 北京：海洋出版社，2005.

[149] Wai WHO, Jiang YW, Lu QM. Large-scale finite element modeling and parallel computation of sediment transport in coastal areas[M]. In Advances in Coastal Modelling, C. Lakhan C. ed., Elsevier Science B.V., 2003, Chapter 9.

[150] Jiang YW. Three-dimensional numerical modeling of sediment and heavy metal transport in surface waters[D]. Ph. D dissertation, HongKong Polytechnic University, 2003.

[151] 都志辉. 高性能计算之并行编程技术——MPI并行程序设计[M]. 北京：清华大学出版社，2001.

[152] Song Y, Haidvogel D. A semi-implicit ocean circulation model using a generalized topography-following coordinate system[J]. Journal of computational physics, 1994, 115: 228-244.

[153] Lee GH, Dade WB, Friedrichs CT, et al. Examination of reference concentration under waves and currents on the inner shelf[J]. Jouranl of Geophysical Research, 2004, 109, C02021, doi: 10.1029/2002JC001707.

[154] 曹祖德，王桂芬. 波浪掀沙、潮流输沙的数值模拟[J]. 海洋学报, 1993, 15(1): 107-108.

[155] 曹祖德. 浮泥特性研究进展[J]. 水道港口, 1992, (1): 34-40.

[156] 窦希萍. 长江口深水航道回淤量预测数学模型的开发及应用[J]. 水运工程, 2006, (12): 159-164.

[157] 白玉川，张彬，张胤祺，等. 波浪挟沙能力及航道骤淤机理的研究[J]. 水利学报, 2007, 38(6): 646-653.

[158] 中华人民共和国交通运输部. JTJ 221—87 港口工程技术规范(上卷)[S]. 北京：人民交通出版社, 1987.

[159] 张庆河，徐宏明，秦崇仁，等. 粉沙质海岸界定浅说河粉沙的基本特性研究[A]. 第九界全国海岸工程学术讨论会论文集[C]. 北京：海洋出版社, 1999: 252-258.

[160] 叶青，翁祖章. 黄骅港建设中若干问题的探索[J]. 水运工程, 2003, (4): 25-37.

[161] 罗肇森. 大风期黄骅港外航道的骤淤估算及防淤减淤措施探讨[J]. 水运工程, 2004, (10): 69-73.

[162] van Rijn. Unified view of sediment transport by currents and waves. I: Initiation of motion, bed roughness, and bed-load transport[J]. Journal of Hydrualic Engineering, 2007, 133(6): 649-667.

[163] Bijker E. Littoral drift as function of waves and current[C]. 11th Coastal Eng. Conf. Pro. ASCE, London UK, 1968.

[164] Miller MC, MC Cave IN, Komar PD. Threshold of sediment motion under unidirectional current[J]. Sedimentology, 1977, 24: 507-527.

[165] Davies AG, Villaret C. Prediction of sand transport rates by waves and currents in the coastal zone[J]. Continental Shelf Reasearch, 2002, 22: 2725-2737.

[166] 曹文洪，张启舜，胡春宏. 黄河河口海岸近岸带水体含沙量的横向分布[J]. 水利学报, 2001, (2): 54-58.

[167] 李东风，张红武，钟德钰，等. 黄河河口水沙运动的二维数学模型[J]. 水利学报, 2004, (6): 1-8.

[168] 谢鉴衡，罗国芳，李正强. 论挟沙水流的能量平衡问题[J]. 武汉水利电力

学院学报，1957，(2)：501-508.

[169] 张瑞瑾. 论重力理论兼论悬移质运动过程[J]. 水利学报，1963，(3)：11-23.

[170] 黄才安，陈小秦. 关于泥沙悬浮功的讨论[A]. 第十三届中国海洋(岸)工程学术会议[C]，南京，2007，510-514.

[171] Lou J, Ridd PV. Wave-current bottom shear stresses and sediment resuspension in Cleveland Bay, Australia[J]. Coastal Engineering, 1996, 29: 169-286.

[172] 林全泓. 强风浪过程中近岸泥沙运动的数值模拟[D]. 天津：天津大学，2004.

[173] 李玉成，于洋，崔丽芳，等. 平缓岸坡上波浪破碎的实验研究[J]. 海洋通报，2000，19(1)：10-18.

[174] Fredsoe J, Deigaard R. Mechanics of coastal sediment transport: advanced series on ocean engineering[M]. Singapore: World Scientific Publishing Co. Pte. Ltd., 1992.

[175] Rattanapitikon W, Karunchintadit R. Comparison of dissipation models for irregular breaking waves[J]. Songklanakarin J. Sci. Technol., 2002, 24(1): 139-148.

[176] Rattanapitikon W, Shibayama T. Energy dissipation model for irregular breaking waves[A]. Proc. 26th Coastal Engineering Conf. [C], ASCE, 1998, 112-125.

[177] Perlin A, Kit E. Apparent roughness in wave-current flow: implication for coastal studies[J]. Journal of Hydraulic Engineering, 2002, 128(8): 729-741.

[178] You ZJ, Yin BS. Discussion of apparent roughness in wave-current flow: implication for coastal studies by Alexander Perlin and Eliezer Kit[J]. Journal of Hydraulic Engineering, 2004, 130(3): 270-271.

[179] Sleath JFA. Velocity and shear stresses in wave-current flows. Journal of Geophysical Research, 1991, 96(C8): 15237-14244.

[180] 窦国仁，董凤舞，窦希萍，等. 河口海岸泥沙数学模型研究[J]. 中国科学A辑，1995，(9)：995-1001.

[181] Vanoni VA, Brooks NH. Laboratory studies of the roughness and suspended load of alluvial streams[R]. Report E-68, Sedimentation Lab., Calif. Inst. Tech., 1957: 35-108.

[182] Voogt L, Van Rijn, Van den berg JH. Sediment transport of fine sands at high

velocity[J]. Journal of Hydraulic Engineering, 1991, 117(7), 869-890.

[183] 王士强, 陈骥, 惠遇甲. 明渠水流的非均匀沙挟沙力研究[J]. 水利学报, 1998, (1): 1-17.

[184] 邓贤艺, 曹如轩, 钱善琪. 水流挟沙力双值关系研究[J]. 水利水电技术, 2000, 31(9): 6-8.

[185] 季则舟. 粉沙质海岸港口水域平面布局特点[J]. 海洋工程, 2006, 24(4): 81-85.

[186] 张庆河. 神华集团黄骅港外航道整治工程潮流数值模拟研究报告[R]. 天津大学建筑工程学院, 2004.

[187] 曹永华, 张庆河, 闫澍旺,等. 黄骅港海域二维流场分析[J]. 中国港湾建设, 2005, (3): 1-4.

[188] Luettich RA, Westerrink JJ. ADCIRC user manual: A (parallel) advanced circulation model for ocean, coastal and estuarine waters[R]. University of North Carolina at Chapel Hill Institute of Marine Sciences,2000.

[189] Booij N, Holthuijsen LH, Ris RC. The SWAN wave model for shallow water [J]. Coastal Engineering, 1994, 1: 668-672.

[190] 夏波. 风暴潮过程中的波流耦合数值模式研究[D]. 天津: 天津大学, 2005.

[191] 夏波, 张庆河, 杨华. 水动力时空变化对近岸风浪演化的影响——以渤海湾西南岸为例[J]. 海洋通报, 2006, 25(5): 1-8.

[192] 杨华, 曹祖德, 侯志强,等. 神华集团黄骅港外航道整治工程延堤效果分析研究报告[R]. 天津: 交通运输部天津水运工程科学研究所, 2004.

[193] 孙连成. 渤海湾西部海域波浪特征分析[J]. 黄渤海海洋, 1991, 9(3): 50-57.

[194] 苗士勇, 侯志强. 黄骅港海域风浪场推算及波浪破碎位置分析[J]. 水道港口, 2004, 25(4): 216-218.